Deutsche Fassung: Irène Kuhn
Fachliche Beratung: Dr. Roland Gerstmeier
Zoologe, München
Redaktion: Barbara Veit
Herausgeber: Monika Raeithel-Thaler

DIE WELT ERKENNEN

Lizenzausgabe als Ravensburger Taschenbuch Band 8510

Titel der Originalausgabe: „Le livre des bords de mer“

Umschlagillustration: Jame's Prunier

Satz: Fotosatz Ruderer, Grünkraut
Printed in Italy by Soc. Editoriale Libraria

89 90 91 92 93 5 4 3 2 1

ISBN 3-473-38510-7

Die Welt am Meer

Text von Patrick Geistdoerfer
Illustrationen von
Nicole Baron

Dorothée Duntze
Marie Mallard
Sylvaine Pérols
Christian Rivière
Dominique Thibault
Nathaële Vogel
Pierre Weitzel

Otto Maier Ravensburg

Warrrrrrrte nur...
wie viel schon riß ich ab von dir
seit den Äonen unsres Kampfs –
warrrrrrrte nur...
wie viele stolze Festen wird
mein Arm noch in die Tiefe ziehn –
warrrrrrrte nur...
zurück und vor, zurück und vor –
und immer vor mehr denn zurück –
warrrrrrrte nur...
und heute mild und morgen wild –
doch nimmer schwach und immer wach –
warrrrrrrte nur...
umsonst dein Dämmen, Rammen, Baun,
dein Wehr zerfällt, ich habe Zeit –
warrrrrrrte nur...
wenn erst der Mensch dich nicht mehr schützt –
wer schützt, verloren Land, dich dann?
warrrrrrrte nur...
mein Reich ist nicht von seiner Zeit:
er stirbt, ich aber werde sein –
warrrrrrrte nur...
und will nicht ruhn, bis daß du ganz
in meinen Grund gerissen bist –
warrrrrrrte nur...
bis deiner höchsten Firnen Schnee
von meinem Salz zerfressen schmilzt –
warrrrrrrte nur...
und endlich nichts mehr ist als Ich
und Ich und Ich und Ich und Ich –
warrrrrrrte nur...

Christian Morgenstern

Dieses Buch gehört ....

Das Küstenland

Wenn sich die untergehende Sonne dem Horizont nähert, verschmelzen die vier Elemente Wasser, Luft, Feuer und Erde zu einem. Rückkehr zum ersten Schöpfungstag... In der rechten Tasche eine Handvoll Muscheln, in der linken eine Handvoll Gedichtzeilen; beides sandig und salzig.
Christine Brückner

Je nach der Form des Ufers, nach den Tieren und Pflanzen, die dort leben, und nach den verschiedenen Tätigkeiten der Bewohner sind die Meeresküsten von großer Vielfalt. Die Fischerei hat den Menschen Nahrung verschafft, die Seefahrt hat ihnen außergewöhnliche Möglichkeiten des Austauschs mit der ganzen Welt erschlossen
Das Meer formt die Küsten. Es gestaltet sie durch den ständigen Angriff seiner Wellen und der Gezeiten. Besteht die Küste aus weichem Gestein, wird sie vom Wasser ausgehöhlt und weicht allmählich so weit zurück, bis das Meer sie nicht mehr angreifen kann.

Winde wehn, Schiffe gehn weit ins ferne Land...

Volkslied

An anderer Stelle wiederum lagern sich z. B. Steine, Kies oder Sand ab, die vom Festland weggespült wurden und den Strand bilden. Dort, wo die Flüsse breit und träge dem Meer zufließen, an ihren Mündungen, vermischt sich ihr Süßwasser mit dem Salzwasser des Meeres: Dort bildet sich das Flußdelta mit seinen vielen Armen und Inseln. Flußmündungen können sehr breit und sehr lang sein, wobei das Meer weit ins Landesinnere eindringt; ein Beispiel dafür ist die Elbmündung. Manche sind eng und tief in die Felsküste eingeschnitten oder reichen weit geöffnet ins Meer hinaus.

1. Steilküste
2. Hafen
3. Mole oder Pier
4. Kleine Bucht
5. Flußmündung
6. Fluß
7. Strand
8. Dünen
9. Kleine, seichte Bucht
10. Riff
11. Insel

Das Relief der Küstengebiete

Die gebirge sind abgetragen, was sich hier türmt, ist sand auf der wanderschaft, in gelben jacken wandern wir wie nomaden, begleitet von möwen, am meer.

Michael Starcke

Küstengebiet oder Litoral nennt man sowohl den Landstrich, der unmittelbar das Meer säumt, als auch den Meeresgrund in der Nähe des Festlandes. Wo das Meer beginnt und das Festland aufhört, spricht man von der Küste bzw. vom Ufer.
Die Küsten sehen nicht alle gleich aus. In Jugoslawien, Schottland, um Brest in der Bretagne oder auch an der Côte d'Azur ist

Meeräsche

Die Meeräschen leben in Schwärmen entlang der Küste, dringen aber auch in Hafengebiete, Lagunen und Flußmündungen vor.

das Meer von großen, senkrechten Felswänden gesäumt: Hier spricht man von Steilküsten.
An anderer Stelle wiederum ist die Küste flach, manchmal verläuft sie sogar gradlinig, wie in Belgien oder an der deutschen Nordseeküste. In manchen Fällen ist sie zerklüftet und Bucht reiht sich an Bucht.

Schlickküste

Felsküste

Wo das Land in das Meer hinausragt, spricht man von einem Kap oder einer Landzunge; wo das Meer ins Landesinnere einzudringen scheint, spricht man von einer Bucht. An Nordsee, Ostsee und der Atlantikküste erheben sich Sandhügel, die mit harten Gräsern und Blumen bewachsen, mit Föhren bepflanzt oder auch ganz kahl sein können: die Dünen.

Samtkrabbe

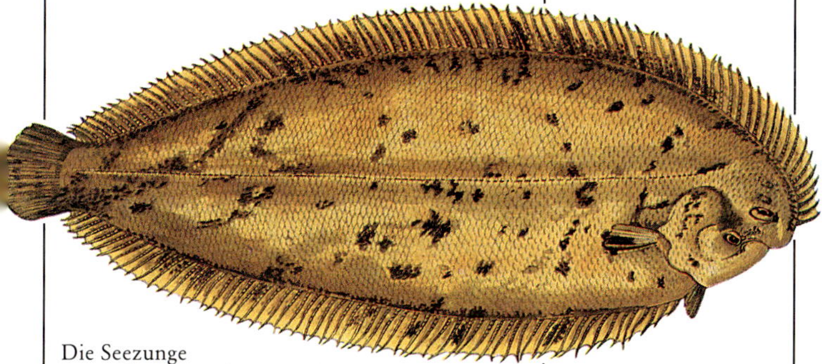

Die Seezunge
ist ein flacher Fisch mit ungleichen Körperhälften. Sie lebt am Meeresboden und liegt auf der linken, farb- und augenlosen Seite. Die rechte Seite ist bräunlich gefärbt und trägt beide Augen.

An einigen flachen Küsten, wie z. B. in Holland, haben sich die Menschen bemüht, Land zu gewinnen. Diese dem Meer abgerungenen Gebiete nennt man Polder.

Sandküste

Die Gezeiten

Schiff, mein Schiff,
in die See
jagt dich die neue Flut!
Oh, was treibst du?
Mit Macht fahr
in den Hafen ein,
rasch!

Horaz

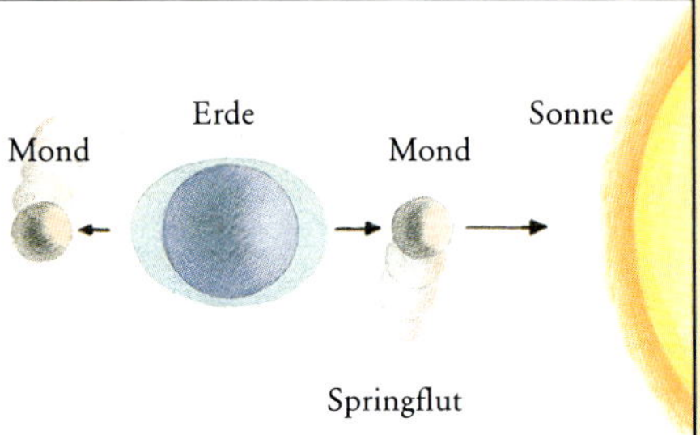

Springflut

Um ein Schiff durch bestimmte Gewässer zu steuern, muß man den Zeitpunkt von Ebbe und Flut und den jeweiligen Wasserstand kennen. Den Wasserstand kann man berechnen, da er von Ebbe und Flut abhängig ist.

Am Atlantik und an der Nordsee überflutet das Meer zweimal am Tag Strände und Felsen, zweimal am Tag zieht es sich zurück. Diese Erscheinungen nennt man Gezeiten. Sie haben ihre Ursache in der Anziehungskraft des Mondes (der sich um die Erde dreht) und der Sonne (um die sich die Erde dreht). Die großen Wassermengen, die unseren Planeten bedecken, werden sehr stark vom Mond angezogen (385 000 Kilometer von der Erde entfernt) und schwächer von der Sonne (150 Millionen Kilometer von der Erde entfernt).

In Ebbe und Flut scheint das Meer zu atmen, auch wenn es sich nur um einen eingeschränkten Vorgang an seinen Rändern handelt – das Meer räuspert sich.

Joachim Günther

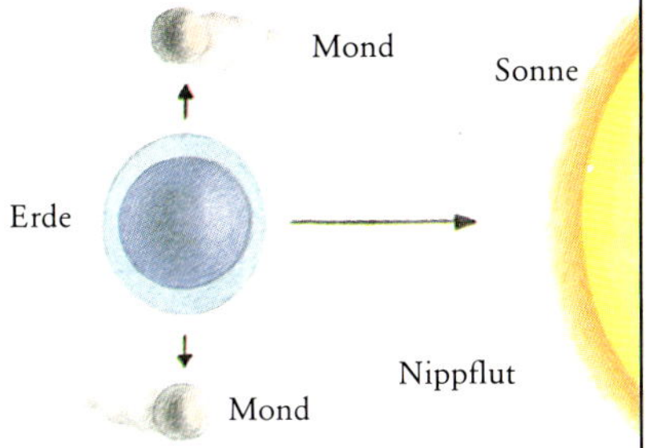

Bei Neumond und bei Vollmond geht die Anziehungskraft von Sonne und Mond in die gleiche Richtung und wird somit stärker: Es entsteht eine sogenannte Springflut. Im ersten und im letzten Viertel geht die Anziehungskraft der beiden Gestirne in verschiedene Richtungen, und damit wird sie schwächer: Man spricht von einer Nippflut. An unseren Küsten wechseln Spring- und Nippflut etwa alle 14 Tage. Das Gezeiten-Phänomen ist jedoch nicht in allen Regionen der Welt gleich.

An jedem Mondtag (in 24 Stunden und 50 Minuten dreht sich der Mond um die Erde) gibt es zwei Fluten und zwei Ebben. Also verzögern sich Ebbe und Flut um 50 Minuten pro Tag.

Die Nahrungskette

Es wäre gut sagte Sascha wir deckten uns
Heute mit Regenwürmern ein morgen
Den Bus zum Kanal ein Säckchen Proviant
Das Angelzeug Klappstühle reichlich Tabak
sagte ich Gesagt getan wir verlorn auf
der Fahrt einen Kessel brachen durchs Schilf

Sarah Kirsch

Pflanzenplankton

Tierplankton

1. Kieselalgen
2. Strahlentierchen
3. Fischei
4. Qualle
5. Austernlarve
6. Seeigellarve
7. Quallenlarve
8. Seesternlarve

Die „Lappenrippenqualle“ ist 4 bis 5 cm lang und ernährt sich von Plankton.

In den obersten Wasserschichten wird die Sonnenenergie vom Pflanzenplankton genutzt, um tote Materie in lebende umzuwandeln. Dies ist der Anfang jeglichen Lebens in den Meeren.

Die kleinen Lebewesen des Tierplanktons (Krabben, Quallen, Larven) ernähren sich von Pflanzenplankton. Sie sind pflanzenfressende Tiere und werden Opfer der fleischfressenden Tiere. Die Tiere auf dem Meeresgrund und in den tiefen Gewässern (Sardinen und Makrelen) fressen das Plankton, ehe sie selbst von den großen Fleischfressern (z. B. vom Thunfisch) erbeutet werden. Manche Fische, wie z. B. der Dorsch, leben sowohl vom Plankton als auch von kleinen Fischen.

Die toten Tiere werden von anderen Tieren – z. B. von Krebsen – auseinandergenommen oder von Bakterien zersetzt, die sie verdauen, wobei diese wieder mineralische Stoffe ausscheiden. Die Mineralien können wiederum von den Pflanzen mit Hilfe von Sonnenlicht genutzt werden (Photosynthese). Auf diese Weise schließt sich der Kreislauf.

Das Fischen am Ufer

Die Vorräte des Meeres sind nicht unerschöpflich. Wer nur für seine tatsächlichen Bedürfnisse fischt und alles, was er dabei aufgestört hat, wieder zur Ruhe kommen läßt, trägt dazu bei, das Leben an der Küste zu schonen.

Wenn die großen Ebben weite Flächen freilegen, ist das Fischen am Ufer am ergiebigsten.
Die Herzmuscheln findet man ziemlich leicht, da sie stets zwei kleine Löcher im Sand zurücklassen, aber um die Venus- und die Teppichmuscheln zu entdecken, braucht man eine Harke.
Die Messermuscheln stecken etwa 30 cm tief im Boden. Es macht großen Spaß, sie zu suchen: In das kleine Loch, das sie verrät, steckt man ein dünnes Metallstäbchen, um das sich die beiden Muschelhälften schließen; es genügt dann, das Stäbchen mitsamt der Messermuschel herauszuziehen. Man kann auch sehr salziges Wasser in das Loch hineingießen: Das Tier glaubt, es käme die Flut, und bewegt sich an die Oberfläche.

Die Napfschnecken, die Miesmuscheln und bei Springflut die Seeohren können auf den Felsen gesammelt werden. Krebse, Samtkrabben (sie sind sehr schnell und schwer zu erwischen) hingegen fängt man bei Ebbe unter den Algen und in den Felsen.

1. Messermuschel
2. Wellhornschnecke
3. Ottermuschel
4. Herzmuschel
5. Seeringelwurm
6. Krabbe
7. Köderwurm oder Sandwurm

Die Tiere leben verborgen in Sand und Ablagerungen; sie haben Gänge gegraben, die sie mit der Oberfläche verbinden.

Sandige, verschlungene Pfade
im Windschutz der Dünen,
in einer buckligen,
schlupfwinkeligen Welt,
für die Ausmaße des Menschen
zu winzig, eher
für Karnickel geeignet,
für Kinder und Vögel.

Christine Brückner

Die Wirbellosen im Sand

Herzmuscheln

Gestreifte Venusmuscheln

Die Wirbellosen besitzen kein inneres Knochengerüst. Zu ihnen gehören unzählige Arten, von den ganz einfachen bis hin zu hochkomplizierten. Die meisten beginnen ihr Leben als winzige Larven und sind zunächst Bestandteil des Planktons. Später wandern sie auf den Grund hinab.

Seeohr

Die Mollusken (Weichtiere), zu denen die Muscheln zählen, sind sehr hochentwickelte Tiere. Ihr weicher Körper ist mit einer harten Kalkschale bedeckt.

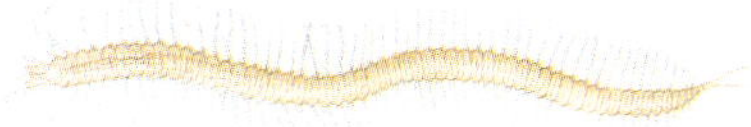

Ringelwurm

Bei den zweischaligen Mollusken (Bivalven) sind die Schalen durch einen Muskel verbunden; sie können sich vollkommen schließen.

In den Sedimenten unserer Ufer sind die Bivalven sehr zahlreich und sehr vielfältig. Sie graben sich einige Zentimeter tief in den Boden ein und besitzen eine Atemröhre, die sich an der Oberfläche des Sands oder des Schlicks öffnet. Zu den Bivalven gehören u. a. die *Herzmuscheln* mit ihren stark betonten, strahlenförmigen Rillen (in Sand und Kiesel bei sehr niedriger Ebbe), die *Teppichmuscheln* mit mehr oder weniger ovaler Schale, die *Messermuscheln*, deren

Messermuschel

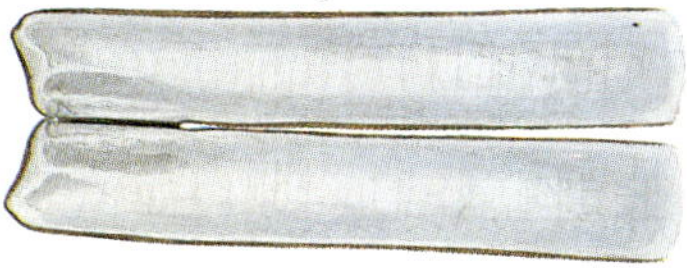

rechteckige Schale gerade *(Gerade Messerscheide)* oder ganz leicht gebogen (*Schwertförmige Scheidenmuschel* und *Schotenförmige Messerscheide*) ist (in Sand oder Schlick).

Die 3 bis 10 oder sogar 20 Zentimeter langen *Ringelwürmer* sehen unseren Regenwürmern ziemlich ähnlich und graben Gänge in den Sand. Manche haben viele, andere wenige Borsten, es gibt auch langborstige und kurzborstige Ringelwürmer.

Braune Venusmuschel

Muschel, kleines
wohlverschlossenes
Zuhause aus der
Wellenwiege des Meeres.
Die gewaltige Mutter,
deren Schoß wir
vor Jahrmillionen
vergaßen,
warf in den Sand
das herzförmige
Zeichen.

Monika Taubitz

„Elefantenzähne“

Die Wirbellosen in den Felsen

Überleben und Anzahl der festsitzenden Wirbellosen in der Gezeitenzone hängt davon ab, wie lange sie nicht vom Wasser bedeckt sind.

Miesmuscheln

Die Felsen sind häufig mit ganz kleinen weißen Tierchen bedeckt, die bis zu 1 Zentimeter hoch sein können. Wenn man sie aufmerksam betrachtet, stellt man fest, daß es sich um unregelmäßige Pyramiden handelt, die aus 6 zusammengewachsenen Kalkplättchen bestehen, an deren Spitze sich ein kleiner Krater befindet. Es handelt sich um *Seepocken*, festgewachsene Schalentiere. Ähnlich beschaffen wie die *Seepocken* sind die *Schlickrutscher*, die ebenfalls die Felsen bewohnen, und die *Entenmuscheln*, die z. B. auf Treibholz sitzen; sie haben einen Fuß bzw. einen muskulösen Stiel.

Seepocken auf verschiedenen Trägern

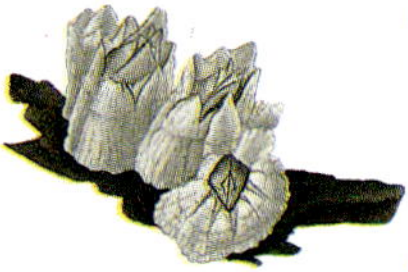

Entenmuscheln

Betrittst du
die Sandbank, sei
achtsam.
Die schillernden
Muschelscherben
sind scharfgeschliffene
Messer.

Monika Taubitz

Niedrigwasser. Wir sahen die Seepocke,
sahen die Napfschnecke, sahen die
Nägel an unsern Händen. Niemand schnitt
uns das Wort von der Herzwand.

Paul Celan

Die Gastropoden oder Schnecken (Bauchfüßer) gibt es in großer Zahl auf Felsen und Algen. Ihre spiralenförmige Schale erinnert an die der Landschnecken. Sie haben alle einen mit Tentakeln (beweg-

Buckelschnecken

liche Fühler oder Greifarme), Augen und einem Mund versehenen Kopf und einen Fuß, mit dem sie kriechen.
Die bekanntesten unter ihnen sind: die *Stumpfe Strandschnecke,* die gelb oder braun und weniger als 1 Zentimeter groß ist, die *Gemeine Strandschnecke,* die *Kreiselschnecke* und die *Wellhornschnecke,* die an unseren Küsten bis zu 10 Zentimeter groß werden kann. Auch die *Napfschnecke* ist, trotz ihrer Schale in Form eines Chinesenhutes, ein Bauchfüßer. Sie ist überall in der Gezeitenzone weit verbreitet und sehr widerstandsfähig gegen das Austrocknen. Bei Flut bewegt sie sich und ernährt sich von Algen, bei Ebbe kehrt sie zu ihrem Standort zurück.

Strandschnecken

Napfschnecken

Entenmuscheln

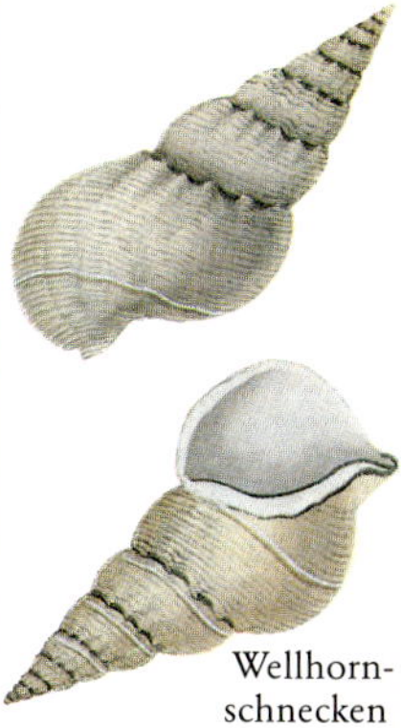

Wellhorn-
schnecken

Tauchen

Zwölf Tonnen wiegt
die Hochseekuh.
Sie lebt am
Meeresgrunde.
Ohei – Uha!
Sie ist so dumm
wie ich und du
Und läuft zehn Knoten
in der Stunde.

Joachim Ringelnatz

Mollusken
1. Napfschnecken
2. Perlmuttmuscheln

Pflanzen
3. Meersalat (Ulva)
4. Schirmchenalge
5. Trichteralge
6. Neptungras

Im Lauf der Jahrhunderte haben sich die Menschen sehr unterschiedliche und zum Teil merkwürdige Verfahren ausgedacht, um unter Wasser atmen zu können. Seit Beginn des 20. Jahrhunderts ermöglichen es schwere Helmtauchgeräte, in geringen Tiefen auf dem Meeresgrund zu gehen, um ihn zu erforschen. Ein solcher „Taucheranzug" hat Bleisohlen und einen runden, mit einem Bullauge versehenen Helm. Luft bekommt der Taucher durch einen Schlauch, der zur Wasseroberfläche führt. Der Nachteil ist, daß der Taucher abhängig von Helfern und wenig beweglich ist und daß er nicht sehr tief tauchen kann.
Vor einigen Jahrzehnten wurden Taucherausrüstungen erfunden, die unabhängiger machen. Der moderne „Froschmann" hat den ehemaligen Taucher mit dem schwerfälligen Helmtauchgerät abgelöst.

Er kann sich frei und schnell im Wasser bewegen, denn er trägt lediglich Druckluftflaschen, eine Brille und Schwimmflossen: So kann er mehrere Dutzend Meter tief tauchen. Allerdings ist die Verwendung solcher „unabhängiger" Taucherausrüstungen für die Unterseejagd verboten. Wird statt der normalen Druckluft ein Sauerstoffgemisch verwendet, kann der Taucher noch größere Tiefen erreichen.

Auch Kinder können einige Meter tief tauchen und die Vielfalt des Lebens unter Wasser entdecken. Dazu brauchen sie nur eine Taucherbrille, einen Schnorchel und Schwimmflossen. Allerdings sollte sich unbedingt ein Erwachsener in der Nähe aufhalten, denn Wellen und Strömungen können sehr gefährlich sein.

7. Meerball
8. Korallenmoos

Fische

9. Lippfische
10. Knurrhahn
11. Mittelmeer-lippfische
12. Zwergdorsche
13. Muräne
14. Meerjunker
15. Goldbrasse
16. Goldstrieme
17. Schleimfisch

Wirbellose

18. Brauner Schlangenstern
19. Seegurke oder Seewalze
20. Seeigel
21. Tintenfisch
22. Rote Aktinie oder Seeanemone
23. Neptunschleier
24. Schwamm

Fische an Stränden und in Tümpeln

Schleimfisch

Fische gibt es überall in Küstennähe, vom Litoral bis in die größten Tiefen. Bei Ebbe bleiben zahlreiche Fische in den Tümpeln des Watts, zwischen den Felsen, unter den Algen und sogar auf dem Sand zurück. Sie können große Temperaturunterschiede

Meergrundeln

aushalten. Auch der unterschiedliche Salzgehalt des Wassers macht ihnen nichts aus. Die Natur hat sie so ausgestattet, denn die Sonne erwärmt die Tümpel und das Wasser wird durch die Verdunstung salziger.

Dreibärtel-Seequappe

Sandaale

Seenadel

Manche Fische, wie die Meergrundeln und die Schleimfische, leben versteckt unter Felsen und Algen. Auch die Groppen, deren breite Köpfe mit Knochenplatten bedeckt und mit Kämmen und Stacheln versehen sind, bewohnen stets Gewässer mit steinigem Grund.

Kaulkopf
oder Groppe

All diese Fische sind kaum länger als 20 Zentimeter und ernähren sich von kleinen Mollusken, Krebstieren und Würmern. Sie legen ihre Eier unter die Steine und hüten sie bis zum Ausschlüpfen der Jungen. Wenn man nach ihnen greift, stechen sie.
Die Großen Drachenköpfe sind etwas größer (30 bis 40 Zentimeter) und haben 2 oder 4 Barteln unter dem Maul und eine unter dem Kinn; sie sind schwer zu fangen.
Auf dem sandigen Grund, wo das Seegras wächst, leben Seenadeln und Seepferdchen. Sie schlingen ihre Schwänze um die Seegrasstengel, um nicht von den Wellen davongetragen zu werden. Ihre Köpfe ähneln winzigen Pferdeköpfen.

Als ich noch ein
Seepferdchen war,
im vorigen Leben,
wie war das wonnig,
wunderbar
unter Wasser zu
schweben.
In den träumenden
Fluten
Wogte, wie Güte,
das Haar
der zierlichsten
aller Seestuten,
die meine Geliebte war.
Wir senkten uns still
und stiegen,
Tanzten harmonisch
umeinand ...

Ringelnatz

Seepferdchen

Angriffslustige, giftige und elektrische Tiere

Qualle

Die Quallen, die der Schwimmer fürchtet, betrachtet der Strandläufer mit Entzücken: gestürzte, trübgeratene Topfsülze. Kehrt man die Qualle um, gleicht sie einem mundgeblasenen Glas in schönstem Jugendstil.

Christine Brückner

Es gibt eine Menge Meerestiere, die auch Menschen gefährlich werden können. Die meisten Unfälle geschehen in den warmen Meeren der Tropen, aber auch an unseren Küsten sollte man sich in acht nehmen (Stiche, Bisse, elektrische Schläge und sogar Angriffe von Haien).

Giftabsondernde Tiere

Gewisse Tiere sondern ein Gift ab, das sie dem Menschen oder anderen Tieren durch einen Biß oder Stich einflößen können.

Zwei Arten von *Petermännchen,* gelb gestreift und braun gefleckt, vergraben sich im Sand, und nur der Giftstachel auf dem Rükken und der obere Teil des Kopfes bleiben sichtbar. Wer unglücklicherweise auf den Stachel tritt, fühlt einen heftigen Schmerz wie von einem Wespenstich. Ebenfalls gefährlich sind die Stiche von *Dornrochen,* die Bisse von *Muränen* und die Stacheln an den Flossen der *Drachenköpfe*.

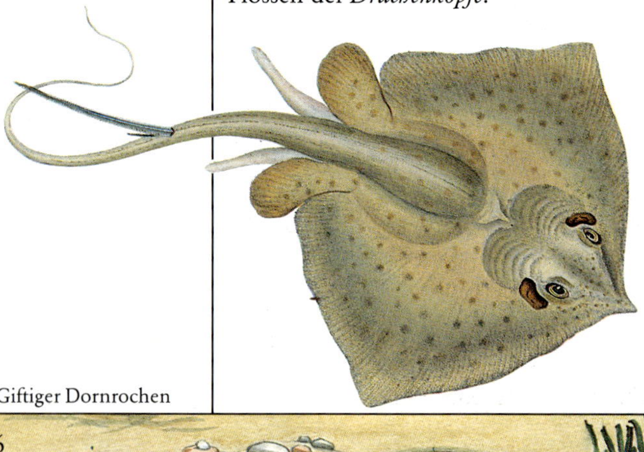

Giftiger Dornrochen

Petermännchen

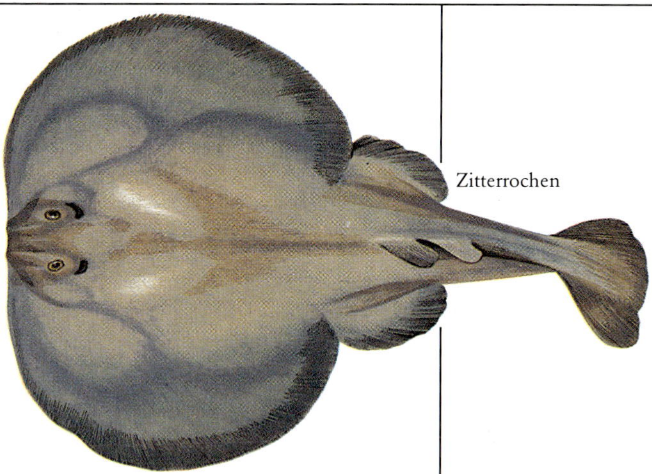

Zitterrochen

Seeanemonen und *Quallen* sind mit Tentakeln versehen, die mit zahllosen winzigen Nesselkapseln bedeckt sind, die heftige „Verbrennungen" hervorrufen können.
Die sogenannten *Spanischen* oder *Portugiesischen Galeeren* (Physalia physalis) bestehen aus einer rosaroten oder blauen Schwimmblase. Diese Quallen haben besonders ätzende Absonderungen.

Die giftigen Tiere

Manche Mollusken und Fische, die in den Korallenriffen leben, enthalten ein Gift. Der Genuß dieser Tiere ist gefährlich.

Die elektrischen Tiere

Zitterrochen können mit Hilfe eines besonderen Muskels am Kopfansatz regelrechte elektrische Schläge austeilen. Wirklich gefährlich sind sie jedoch nicht.

Aber was für ein Fisch, der so zieht! Er muß das Maul fest über dem Draht zugeklemmt haben. Ich wünschte, ich könnte ihn sehen. Ich wünschte, ich könnte ihn nur einmal sehen, um zu wissen, was ich gegen mich habe.

Ernest Hemingway

Die Rochen legen rechteckige Eier.

Parasiten und Symbiosen

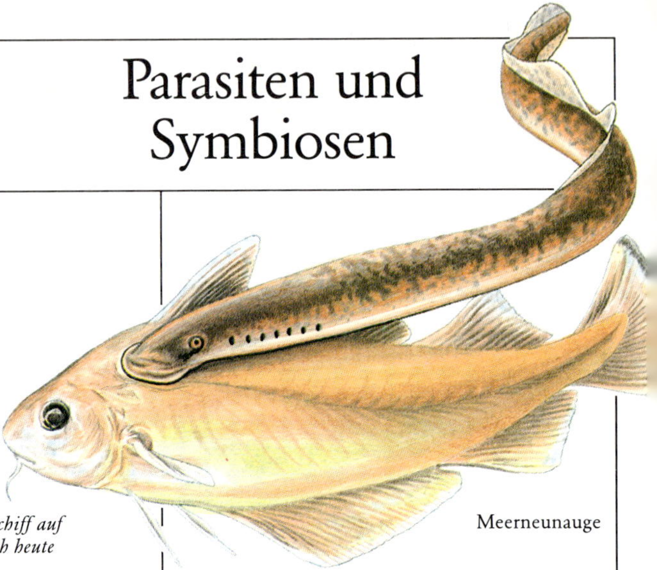

Meerneunauge

Das Schiff auf dem ich heute bin,
Treibt jetzt in die uferlose,
In die offene See. –
Fragt ihr: „Wohin?“
Ich bin nur ein Matrose.

Ringelnatz

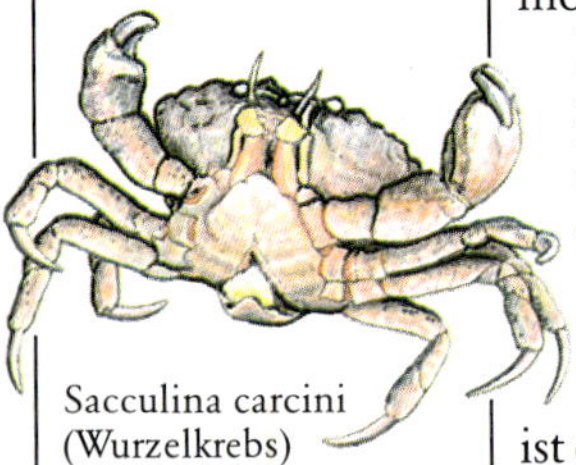

Sacculina carcini (Wurzelkrebs)

Der parasitische Wurzelkrebs ist ein sogenannter Schmarotzer, weil er auf Kosten eines anderen Tieres lebt und dieses sogar vernichten kann.

Das Meerneunauge

Das Meerneunauge (oder Lamprete) hat eine gewisse Ähnlichkeit mit einem Aal, ist jedoch kein Fisch, denn es hat keine Kiefer. Sein mit vielen Zähnen versehenes Maul wirkt wie ein Saugnapf und macht es ihm möglich, sich am Körper eines anderen Fisches festzubeißen und dessen Blut zu saugen.

Der Wurzelkrebs

Auf dem Bauch von Krebsen, an der Stelle, wo das Weibchen seine Eier trägt, sieht man manchmal ein gelbes oder braunes weiches Säckchen. Dies ist der sichtbare Teil eines anderen Krebstieres, des parasitischen Wurzelkrebses. Seine Larven setzen sich auf den Krebs zum Zeitpunkt der Häutung und verwandeln sich dann in eine Reihe von Fäden, die sich um den Körper des Trägertieres ausbreiten und ihm Nahrung entziehen.

Der Einsiedlerkrebs

Einsiedlerkrebse leben häufig in Gemeinschaft (Symbiose) mit anderen Meerestieren. Solche Verbindungen werden stets zwischen den gleichen Arten geschlossen. Eine oder mehrere *Aktinien (Seeanemonen)* setzen sich auf der vom Einsiedlerkrebs bewohnten Schale fest. Sie schützen ihn vor möglichen Feinden durch ihre Nesseltentakeln; als Gegenleistung bekommen sie Nahrungsabfälle.

Derartige Gemeinschaften können von Dauer sein, wenn die beiden Tiere unfähig sind, getrennt voneinander zu leben. Manchmal dauern sie nur kurze Zeit, wenn beide Arten einzeln überleben können. Zieht ein Einsiedlerkrebs in ein anderes Haus, so nimmt er die Seeanemone mit seinen Scheren von der alten zur neuen Schale mit.

Der Einsiedlerkrebs ist ein Krebstier, dessen weicher Hinterleib keinen Panzer hat. Er sucht sich deshalb leere Schneckenhäuser als Unterschlupf.

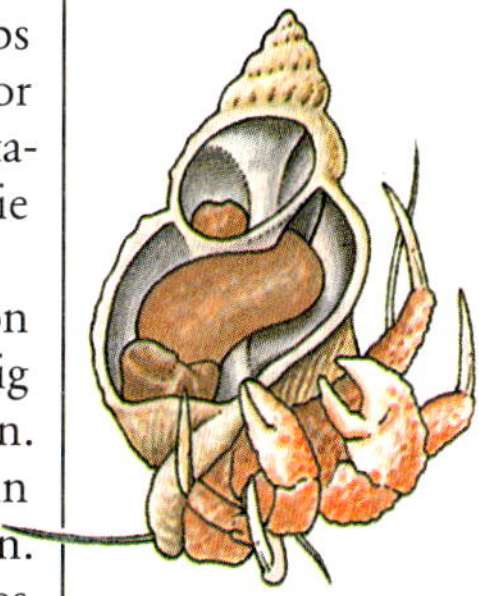

Längsschnitt eines Einsiedlerkrebses in seiner Schale

Die Küstenfischerei

Der Fisch traf den Draht noch verschiedene Male, und jedesmal, wenn er mit dem Kopf stieß, gab der alte Mann ein bißchen Leine raus.

Ernest Hemingway

Zum Fischen haben die Menschen unzählige Geräte und Vorrichtungen entwickelt. Überall auf der Welt sehen sie ein wenig anders aus, doch jedes Gerät ist ganz genau den Tieren angepaßt, die man damit fangen will. Es gibt zwei Gruppen von Fangvorrichtungen: Die einen werden fest verankert, die anderen werden geschleppt.

Die festverankerten Geräte

Die Netze werden senkrecht aufgestellt, etwa wie eine Gitterwand. Der *Krebs* verwikkelt sich darin mit seinen Scheren bzw. Beinen, der *Fisch* gerät mit dem Kopf in die Maschen.

Von meinem Balkon aus kann ich sie dort sitzen sehen, zwischen den Fischernetzen und den leise schaukelnden Booten, ihre geschorenen Köpfe glänzen in der Sonne.

Truman Capote

Außerdem gibt es lange Angelschnüre (Langleinen), auf denen zahlreiche mit Ködern versehene Haken befestigt sind. Damit fängt man Fische, wie z. B. *Meeraale* oder *Rochen*.

Weitere Geräte – verschiedene Arten von Reusen – werden vom Fischer auf dem Meeresgrund abgestellt oder ins Wasser gehängt; man benützt sie zum Fangen von Krustentieren (*Krebse, Krabben, Hummer* oder *Langusten*) und verschiedenen Fischarten.

1., 2. Ringwaden
3., 4., 5. Hummer- und Langustenreusen
6. Plankenzaun
7. Netze
8. Trichterförmige Reusen
9. Großes Krabbennetz
10. Kleines Schleppnetz für Muscheln
11. Köderfischsenke
12. Fischspeer

Er hat eine Angel fertig er hat eine Zigarette gedreht gibt sie mir angebrannt Ich versuchs mal mit Kugeln aus Brot.

Sarah Kirsch

Hummer

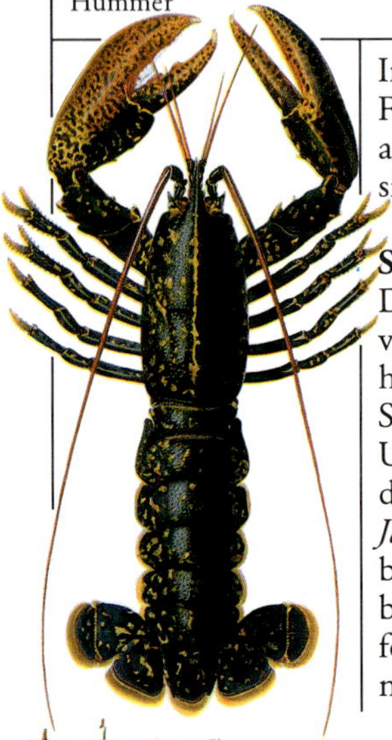

In die Reuse legt man einen Köder (meist Fischabfälle), dessen Geruch die Tiere anzieht: Sie gehen in die Falle und können sich nicht mehr befreien.

Schleppgeräte

Die sogenannten Schleppgeräte werden von einem Fischerboot gezogen. Dabei handelt es sich vor allem um Trawls, Schleppnetze und Langleinen.

Um die wenig beweglichen Tiere zu fangen, die am Grund leben, wie zum Beispiel die *Jakobsmuscheln,* oder die, die im Sand eingebuddelt sind, wie z. B. die *Venusmuscheln,* benutzt man Schleppnetze. Das sind sackförmige Netze oder Metallgitter, deren Öffnung von einem Metallrahmen eingefaßt

Seeschwalben

wird. Die Schleppnetze schaben auf dem Meeresboden entlang und wühlen den Sand auf.
Um bestimmte Fische, wie z. B. die *Makrele* oder den *Hellen Seelachs* zu fangen, benutzt man Langleinen, die vom Boot nachgezogen werden. In diesem Fall werden die Fische von lebenden oder von künstlichen Ködern angelockt und beißen an.

Windschief gingen wir hin,
gingen wir hin, uns zu bücken
nach Mulde und Maar.

Paul Celan

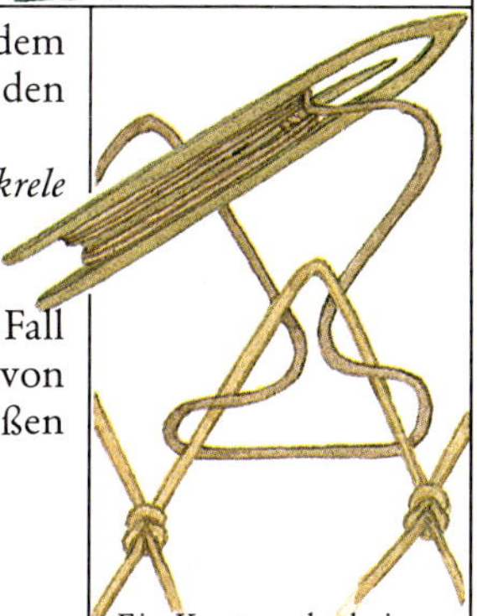
Ein Knoten, der beim Netzflicken angewendet wird

Langleinenfischerei

Die ersten Menschen fischten mit Angeln, und dazu benutzten sie Haken aus Stein, Knochen oder Holz. Heutzutage sind die Angeln hochentwickelt. Die Angelhaken aus Metall haben verschiedene Formen und Größen, wobei jeder auf die Art der Fische abgestimmt ist, die man fangen möchte.
Der Köder wird am Haken befestigt. Angler verwenden auch lebendige oder tote Tiere: Fische, Würmer, Muscheln. Der Köder kann auch aus Plastik oder Metall sein, manchmal ist es sogar eine Feder. Im Wasser haben sie alle Ähnlichkeit mit der Beute, von der sich die Fische ernähren.
Um Tintenfische zu fangen, verwendet man ein kleines Holzstück mit einer Krone aus Metallhaken.

Aufgerollte Langleine mit Federködern, einem Blinker und verschiedenen künstlichen Ködern, die Tintenfische darstellen

Die Küstenfische

Muräne

Entlang der Küsten, dort, wo das Meer nie zurückweicht, gibt es zahlreiche Fischarten, die völlig verschieden sind von denen, die in Tümpeln und am Strand leben. Es sind Fische, die man am Ende einer Mole oder Felszunge fangen kann. Die Fischer müssen meist mit einem Boot hinausfahren, um sie zu erbeuten.

Ans Haff nun fliegt
die Möwe,
und Dämmrung
bricht herein;
über die feuchten
Watten spiegelt
der Abendschein

Graues Geflügel
huschet
neben dem Wasser her;
Wie Träume liegen
die Inseln
Im Nebel auf dem Meer.

Theodor Storm

Lippfisch

Der Seebarsch

Dort, wo das Meer auf die Felsen brandet und die Wellen sich im Sand brechen, leben die *Barsche,* jene wunderschönen, mit großen, bunt schillernden Schuppen bedeck-

Meerjunker

Wie der Wind über das Wasser tanzt –
das weiß der Fisch und bildet's ihm in
hundert Schuppen nach...
und zeigt's dem wieder, der ihn fängt.

Christian Morgenstern

Pollack

ten Fische, deren Farbe von Blau bis Graugrün variiert. Sie können bis zu 1 Meter lang werden und 10 Kilogramm wiegen. Sie ernähren sich von kleineren Fischen.

Der Lippfisch
An der Atlantikküste sind häufig Lippfische anzutreffen. Sie sind bis 45 Zentimeter lang, bunt gescheckt (grün oder orange-rot mit vielen kleinen weißen Flecken) und bleiben stets in Küstennähe. Männchen und Weibchen bauen gemeinsam ein Nest aus Algenresten und Muschelschalen. Dort werden die Eier bis zum Ausschlüpfen der Jungen abgelegt. Die Lippfische fressen kleine Tiere, Mollusken und Krebstiere, deren Schalen sie mit ihren kräftigen Kiefern zermalmen.

Der Meerjunker
Bei den Meerjunkern sind die Weibchen und die Männchen verschiedenfarbig. Außerdem wechseln sie mehrmals in ihrem Leben Geschlecht und Farbe.

Der *Pollack* hat einen länglichen, rautenförmigen Körper. Er lebt im Küstengebiet und ist sehr gefräßig: Er ernährt sich von kleinen Fischen, Krebstieren und Kalmaren. Meist wird er mit der Angel gefangen.

1. Hafenamt
2. Auktionshalle
3. Lagerhalle der Fischgroßhändler
4. Fischereihafen
5. Yachthafen
6. Laderampe
7. Hafeneinfahrt
8. Mole oder Pier
9. Strand

Ein großer Fischereihafen ist nicht nur eine Stelle, wo Schiffe ein- und auslaufen. Er hat vielfältige Aufgaben: Die Seeleute müssen mit Lebensmitteln und die Schiffe mit Kraftstoff versorgt werden, Werften und Werkstätten sorgen für die Reparaturen von Schiffen oder der mechanischen und elektronischen Ausrüstung.
Außerdem müssen die Fischereigebiete über gute Bahn- und Straßenverbindungen verfügen, damit der Fang schnell auf die Märkte und in die Fischfabriken gebracht werden kann, da Fische leicht verderben.

Der Fischereihafen

Die Fischer, die an diesem Tag Erfolg gehabt hatten, waren schon zurück und hatten ihre Schwertfische ausgeschlachtet und trugen sie in voller Länge über zwei Planken gelegt, an deren Enden je zwei Männer unter der Last wankten, zur Fischhalle, wo sie auf den Eiswagen warteten, der sie auf den Markt in Havanna bringen sollte.

Alle, die Haie gefangen hatten, brachten sie in die Haifischfabrik auf der anderen Seite der Bucht, wo man sie mit einem Tafelblock hochzog, ihre Lebern entfernte, ihre Flossen abschnitt und sie enthäutete und ihr Fleisch zum Einsalzen in Streifen schnitt.

Wenn der Wind von Osten stand, kam der Gestank von der Haifischfabrik her über den Hafen.

Ernest Hemingway

Der Trawler

Mehr als die Hälfte des Weltfischfangs erfolgt mit Fischtrawlern. *Garnelen* und zahlreiche Fischarten, z. B. *Dorsch, Schellfisch* und *Hering,* werden auf diese Weise gefangen.

Die Schleppnetzfischerei ist die häufigste Art des Fischfangs: Ein großes, bauchiges

Wir haben keinen günstigen Wind.
Indem wir die Richtung verlieren,
wissen wir doch, wo wir sind – aber wir frieren.

Ringelnatz

Netz wird am Grund oder im Wasser nachgeschleppt. Die für die Küstenfischerei benutzten Schleppnetze sind ein paar Dutzend Meter lang, der Durchmesser ihrer Öffnung beträgt mehrere Meter. Die Schleppnetze der Hochseefischerei sind viel größer.

1. Steuerhaus
2. Netzwintsch
3. Ladewintsch (auch für andere Zwecke einsetzbar)
4. Scherbretter: Sie halten das Netz in der Breite offen
5. Trawl oder Schleppnetz
6. Heckgalgen
7. Entladefläche für den Fang
8. Radar
9. Positionslampen
10. Signale, die darauf hinweisen, daß der Trawler im Einsatz ist

Die Auktionshalle

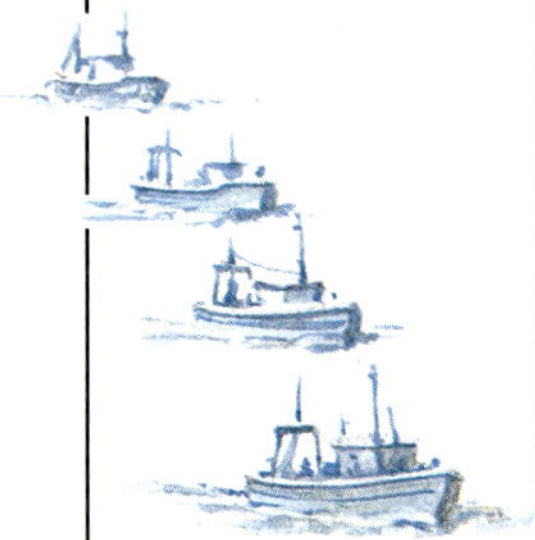

Schöne purpurflossige Fische, die sie mir lebendig brachten, schauen aus gebrochenen Augen, sanfte Tiere muß ich schlachten.

Hugo von Hoffmannsthal

Zu den Hafenanlagen von Fischereihäfen gehören große Auktionshallen. In diesen Hallen, die unmittelbar am Kai stehen, bringen die Fischer ihren Fang, dort werden die Fische zwischengelagert, nach Art, Größe und Qualität sortiert und in Plastikcontainern aufbewahrt, um am nächsten Morgen versteigert zu werden.
Die Käufer – das sind die Fischgroßhändler – sorgen für den Verkauf im ganzen Land und den Versand der Fische zu den großen Zwischenmärkten. In jeder größeren Stadt gibt es deshalb einen Fischmarkt, und dort kaufen die Fischhändler der Gegend ein.

Eine Bark lief ein in Le Haver
von Sydney kommend, nachts elf Uhr drei.

Ringelnatz

1. Hering
2. Makrele
3. Sprotte

Um Fische haltbar zu machen, gibt es verschiedene Verfahren. Das Pökeln und das Räuchern oder Bukanieren sind die ältesten Methoden.
Um den Fisch, gesalzen oder ungesalzen, zu räuchern, setzt man ihn dem Rauch von Holzfeuern aus.

Geräucherter Hering

Fischräucherei

Die Konservierung von Fischen

Geräucherter Schellfisch

Der Dorsch wird auf Holzgestellen getrocknet.

Das Pökeln ist die meistverbreitete Methode zur Konservierung von Sardellen und Dorsch. Noch an Bord wird der Dorsch ausgenommen, geköpft und in Salz aufbewahrt. Bevor er zum Verkauf kommt, wird er dann im Hafen erneut gesalzen und getrocknet.
Auf einigen großen, modernen Schiffen (Thunfischkuttern und Trawlern) wird der Fisch auf der Stelle bei −40 °C tiefgefroren und bei −20 °C gelagert.

Dorsch

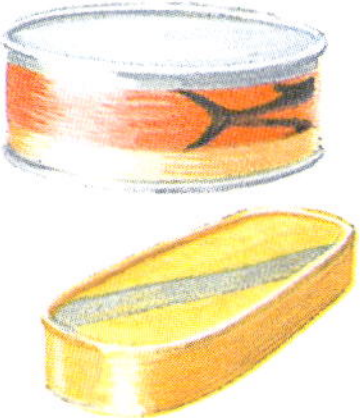

Fische und Krebstiere können gut zu Konservennahrung verarbeitet werden (Ölsardinen oder Thunfisch in Dosen).

Die eßbaren Krebstiere

Fährten der
Strandkrabbe,
morgen,
Kriechfurchen,
Wohngänge,
Windzeichnung
im grauen Schlick.
Feinsand,
Grobsand, das
von den Wänden
Gelöste, bei
andern Hartteilen,
im Schill.

Paul Celan

Hummer
(40 bis 70 cm)

Man ißt Muscheln oder Hummercocktail, das Meer beliefert arme und reiche Mägen.

Christine Brückner

Die eßbaren Krebstiere sind nicht sehr zahlreich und gehören fast alle zur Gattung der *Dekapoden* oder *Zehnfüßer*.

Die *Krabben* haben eine biegsame Schale; die *Rosa Garnele* bevorzugt Tümpel und felsige Gebiete, während die kleinere *Sandgarnele* an den Stränden und in den Flußmündungen lebt.

Weitere *Zehnfüßer* haben eine harte Schale und bewegen sich am Meeresgrund.

Den *Hummer* erkennt man an seinen Vorderbeinen, die sich in zwei dicke Scheren verwandelt haben, von denen eine größer ist als die andere. Wegen der hohen Qualität seines Fleisches wird er sehr intensiv befischt, und deshalb ist er mittlerweile seltener geworden. Der kleinere *Kaisergranat* lebt in einer Tiefe von 40 bis 200 Metern auf weichem, schlammigem Grund.

Die *Languste* findet man nur in großen Tiefen auf Felsgrund. Sie hat zwei sehr lange Fühler, aber keine starken Scheren.

Die *Krebse* sind im Gegensatz zu den Hummern und Langusten nicht langgestreckt, sondern eher rund. Sie haben einen ziemlich kleinen Bauch, der sich unter dem Panzer des Kopfbruststücks zusammenfaltet. Der *Taschenkrebs* ernährt sich von kleineren Krebstieren, von Mollusken und Würmern. In den Felsgebieten der Küste kommt er sehr häufig vor.

Languste
(30 bis 50 cm Länge)

Seespinne
(20 cm Länge)

Taschenkrebs
(20 cm Länge)

Fische der hohen See

Auf hoher See leben viele Fische, die ganz anders aussehen als die Fische, die man an Küsten und an Stränden findet. Es sind jene Fische, die mit Kuttern gefangen werden.

1. Seebarsch
2. Heller Seelachs
3. Rosa Garnele

Brasse

Flunder

Meeraal

Fischen bei Nacht

Fisches Nachtgesang:

—
◡ ◡
— — —
◡ ◡ ◡ ◡
— — —
◡ ◡ ◡ ◡
— — —
◡ ◡ ◡ ◡
— — —
◡ ◡ ◡ ◡
— — —
◡ ◡
—

Christian Morgenstern

An den Mittelmeerküsten findet nachts das Fischen mit Laternen statt. Fische, die nahe der Oberfläche schwimmen (z. B. *Sardellen* und *Sardinen*) werden vom Licht eines starken Projektors angezogen und geraten ins Netz.
Die Fischer benutzen zu dieser Art des Fangs eine Ringwade. Sie besteht aus einer großen Netzfläche. Der obere Teil ist mit Schwimmern versehen, die das Netz an der Oberfläche halten. Der untere Teil ist mit Bleikugeln beschwert, auf diese Weise steht das Netz senkrecht im Wasser.
Das Boot fährt auf eine Fischbank zu, die mit der Ringwade eingekreist wird. Zieht man den unteren, mit Blei beschwerten Teil hoch, schließt sich das Netz, und die Fische sind eingeschlossen. Auf hoher See werden die Ringwaden von großen Schiffen geschleppt, während sie in der Küstenfischerei von Fischern an Land gezogen werden.

Das Treibnetz wird zu Wasser gelassen.

Schließen des Netzes

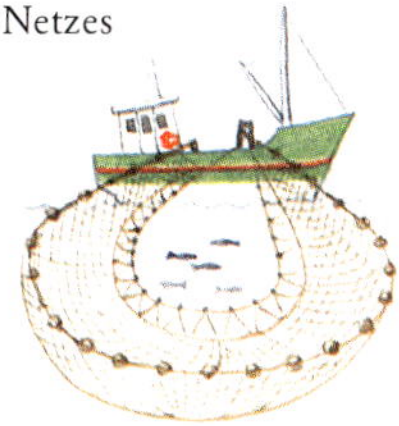

Das Netz wird immer enger.

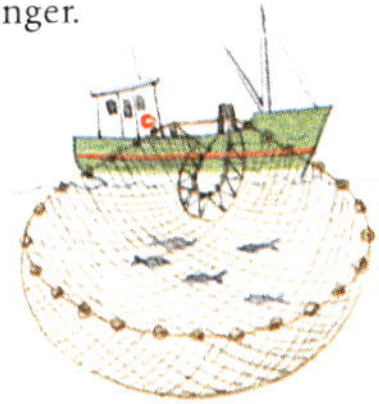

Der Fisch wird an Bord gehievt.

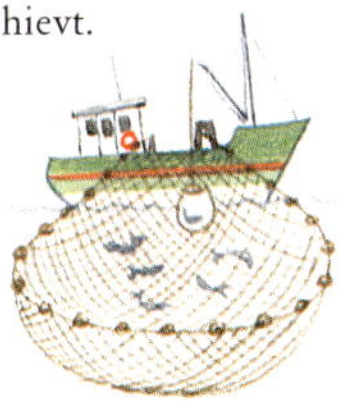

Austern und Miesmuscheln

Die Qualität des Wassers, die Beschaffenheit des Grundes und des Planktons geben der Auster einen besonderen Geschmack, der sich von einer Gegend zur anderen unterscheidet.

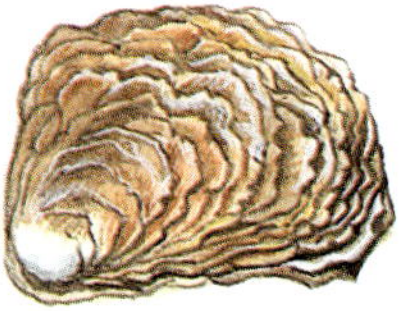

Das Wasser rinnt,
das Wasser spinnt,
bis es die ganze Welt
gewinnt.
Das Dorf ersäuft,
die Eule läuft,
auf der Eiche sitzt
ein Kind.
Christian Morgenstern

Seit vielen Jahrhunderten haben die Menschen an der Küste Muscheln gesammelt, um sich zu ernähren. Vermutlich sammelten sie zuviele Muscheln, denn die natürlichen Vorkommen nahmen stark ab. So hat man bereits im 19. Jahrhundert begonnen, *Austern* und *Muscheln* zu züchten.
Die Austern legen ihre Eier zu Beginn des Sommers. Ihre Larven leben frei im Plankton und werden von den Strömungen getragen. Nach einigen Wochen tauchen sie auf den Grund und heften sich auf einen festen Gegenstand. Dann verwandeln sie sich und werden *kleine Austern,* die in wenigen Monaten eine Größe von 3 bis 4 Zentimetern erreichen.

Auster in der Schale

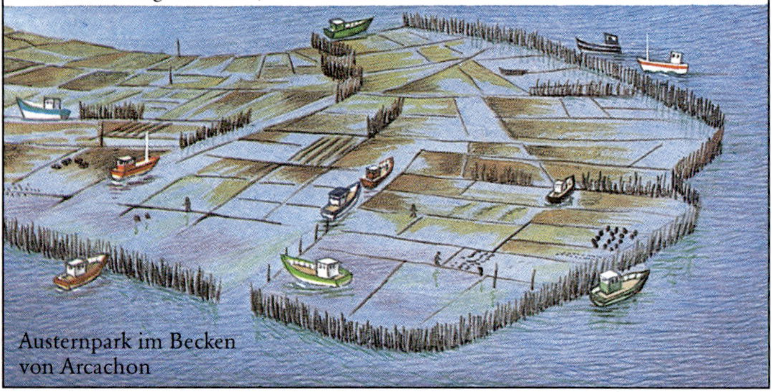

Austernpark im Becken von Arcachon

Muschelzäune

Nun werden sie von ihrem festen Untergrund gelöst und in „Zuchtparks“ umgesetzt, wo sie sich von Plankton ernähren. Von dort werden sie wiederum entfernt und zur Veredelung in speziell dafür angelegte Becken gebracht, in die sog. „Mastparks“. (A.d.Ü.: In Frankreich nennt man diese Becken „claires“; nach ihnen heißt eine Austernsorte „fines de claire“). Diese Austern werden in Feinkostgeschäfte und Restaurants geliefert. Zum Transport benutzt man spezielle Austernkörbe.
Wie bei den *Austern* setzen sich auch die Larven der *Miesmuscheln* auf dem Grund ab. Man sammelt sie auf Seilen oder Pfählen, den Muschelzäunen.

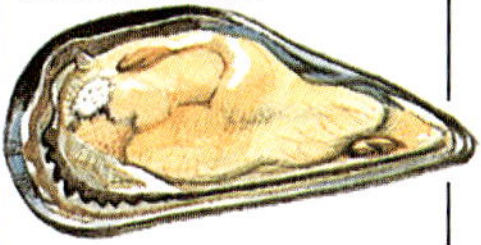

Der Sammelbegriff „Muschelzucht“ gilt für alle eßbaren Muschelsorten und bezieht die Austern- und die Miesmuschelzucht mit ein.

Für die Zucht von Miesmuscheln gibt es zwei Möglichkeiten. Entweder werden die jungen Muscheln in geschützten Gebieten flach auf dem Boden ausgestreut oder in große, längliche Säcke gefüllt, die dann in der Gezeitenzone um Pfähle gewickelt werden. Wenn die Muscheln 4 bis 6 cm groß sind, kommen sie in den Handel.
Zuvor werden sie jedoch von der Gesundheitsbehörde geprüft; gerade Muscheln speichern Umweltgifte und können gefährliche Krankheiten übertragen.

Seile als Träger für die Muschellarven

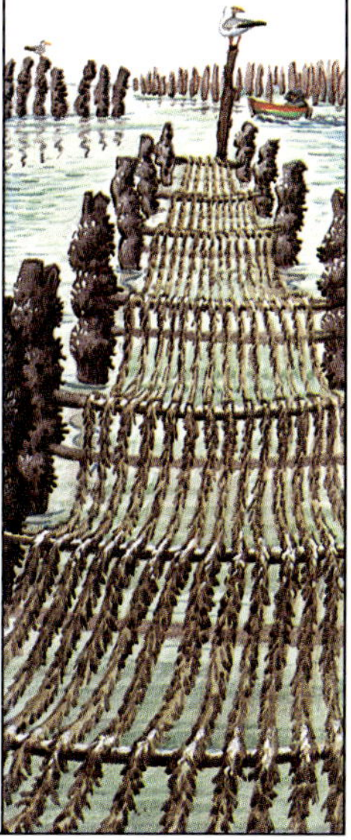

Aquakultur

Lachseier

Setzling oder Satzfisch

Kleiner Lachs (Beginn der Wachstumsphase)

Seit 3 000 bis 4 000 Jahren hat der Mensch, um sich zu ernähren, wilde Tiere zu Haustieren gemacht. Bereits 5 Jahrhunderte vor Christus haben die Chinesen in Teichen Karpfen gezüchtet. In Europa züchtet man seit dem vergangenen Jahrhundert Forellen in Süßwasser (Salmonidenzucht) und Austern und Muscheln im Meer. Im Fernen Osten ist die Zucht von Seefischen und die Kultur von Algen zu einer wichtigen Nahrungsquelle geworden.

Seit etwa 10 Jahren befaßt sich auch in Europa die Forschung mit dem Gebiet der „Aquakultur“. Zum Beispiel werden in Frankreich nicht nur Miesmuscheln, sondern auch ganz neue Arten von Meerestieren gezüchtet. Die Wissenschaftler nennen das „neue Aquakultur“.

Aquakultur ist also eine Art Landwirtschaft im Wasser. Es gibt verschiedene Arten von Aquakultur. In den Salzteichen und den Lagunen der Mittelmeerküste siedeln sich zum Beispiel junge Fische einiger Arten an. Der Mensch versucht, diese natürliche Ver-

Erwachsener Lachs

mehrung zu nutzen, indem er die Tiere fängt und weiterzüchtet. Dies ist die *extensive* Aquakultur.

Die *intensive* Aquakultur hingegen besteht darin, unter rein künstlichen Bedingungen Tiere in Becken zu züchten. Sie wird mit Arten praktiziert, die gern gegessen werden und so auch wirtschaftlichen Wert haben, wie z. B. *Lachs, Barsch, Brasse, Butt, Seezunge* und *Krabben.*

Viele Forschungen befassen sich außerdem mit der Züchtung von Mollusken: *Seeohren* und *Muscheln.*

Man versucht auch, die leergefischten Gewässer wiederzubevölkern, indem man junge Tiere aussetzt, die zunächst in Zuchtbecken gelebt haben. Dies geschieht insbesondere mit jungen Hummern. Aber es ist noch schwer zu sagen, ob diese Maßnahmen erfolgreich sein werden.

Im Verhältnis zur Weltproduktion beträgt die Aquakultur erst 10 Prozent des Fischereiertrages.

Aquakulturbecken

Butt

Seeohr

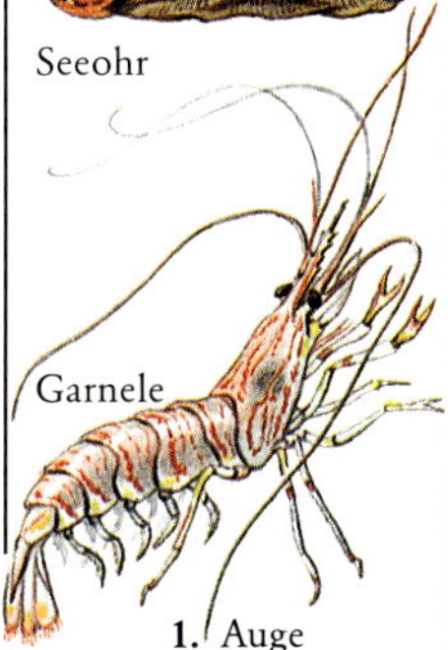

Garnele

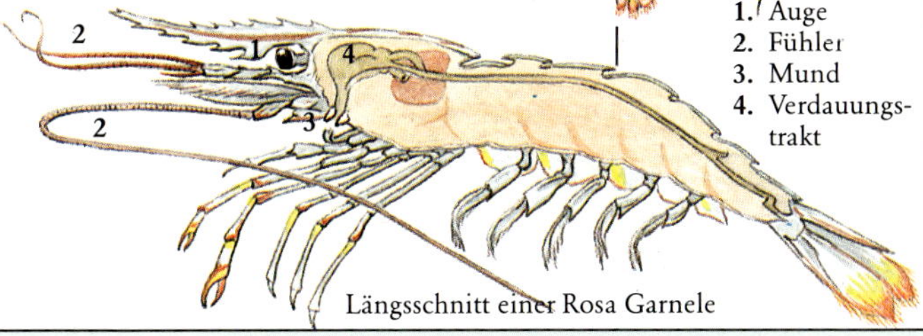

1. Auge
2. Fühler
3. Mund
4. Verdauungstrakt

Längsschnitt einer Rosa Garnele

Die Meerespflanzen

Flechten

Xanthoria parietina: Diese orangefarbene Flechte bedeckt Felsen, die auch bei Flut nicht vom Wasser erreicht werden.

Schönflechte

Verrucaria maura: Diese Flechte zeichnet eine schwarze Linie auf den Felsen: die Wasserhöhe bei Springflut.

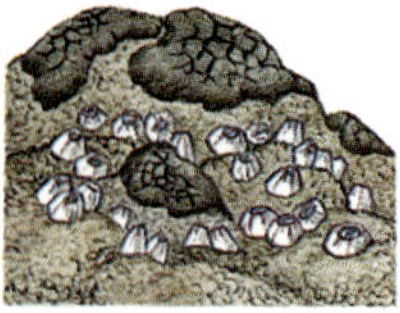

Die Flechten
Die Flechten bestehen aus zwei verschiedenen Pflanzen, einem Pilz und einer Alge, die sehr eng verbunden sind. In dieser „Symbiose" nutzt der Pilz, der über keinerlei Chlorophyll (Blattgrün) verfügt und somit die zu seinem Leben notwendigen organischen Substanzen nicht selbst produzieren kann, das Chlorophyll der Alge.

Die Meeresalgen
Die Algen sind Wasserpflanzen, die weder Blüten noch Blätter noch Wurzeln haben. Entweder haften sie am Meeresgrund auf Felsen, Kieseln oder Muscheln oder sie schweben frei im Wasser.
Über dem Haftbein entfaltet sich der Pflanzenkörper, auch Thallus genannt. Er kann einfach oder verzweigt, zylindrisch oder flach, schmal oder breit sein.
Im Gegensatz zu den Flechten besitzen alle Algenarten ein grünes Pigment, das Chlorophyll. Es bewirkt, daß mit Hilfe des Sonnenlichts Wasser und Kohlendioxid in energiereiche lebendige Nährstoffe umgewandelt werden. Allein die Sonnenenergie ermöglicht dabei die Umwandlung der toten Materie in lebende. Diese Reaktion nennt man Photosynthese und ist Grundlage allen pflanzlichen Lebens.
Zusätzlich zum Chlorophyll können die Algen weitere Pigmente aufweisen, die die grüne Farbe überlagern; dann sind die Algen braun oder rot.

Vor langer Zeit, vor fünfzig Jahren, sammelten Kinder Blasentang und stellten aus ihm Bilder her.

Richard Adams

Nicht alle Algenarten können längere Zeit außerhalb des Wassers überleben. Geht man bei Ebbe auf den Felsen spazieren, erkennt man deutlich, daß die braunen Algen in der Gezeitenzone am häufigsten vorkommen. Zwischen dem höchsten Wasserstand, dem der Springflut, und dem niedrigsten, dem der Nippflut, gibt es eine Reihe verschiedener Algengürtel, wobei jeder Gürtel aus einer anderen Art besteht.

1. Flechten
2. Pelvetia
3. Meersalat
4. Kleiner Blasentang
5. Gemeiner Blasentang
6. Knotentang
7. Sägetang
8. Riementang
9., 10., 11,, 12. Verschiedene Arten von Laminaria (z. B. Finger- und Palmentang)

Die Seetangernte

Fingertang

Algen werden seit eh und je von den Bewohnern der Küsten gesammelt und für Ernährung, Landwirtschaft und heute auch für die Industrie genutzt. Alte keltische Sagen berichten von dieser Ernte, die bis heute, insbesondere in der Bretagne und um die bretonischen Inseln herum, fortgesetzt wird.

Früher sammelte man bei Ebbe mit Hilfe langer Rechen den frei schwebenden Seetang, der vom Sturm abgerissen worden war, oder man schnitt ihn mit Sensen ab, so wie der Bauer sein Feld mähte. Danach wurde er auf Wagen geladen, die von Pferden oder Ochsen gezogen wurden. Die großen Seegraswiesen, die immer unter Wasser bleiben, wurden damals ebenfalls gemäht. Die Sensen dafür hatten einen besonders langen Stiel; in der Bretagne wurde sie „pigouille" genannt und die Seetangsammler „pigouilleurs".

„Scoubidou": Moderne Technik der Seetangernte in der Bretagne

Als er hinunterblickte, sah er die roten Algen des Planktons in dem dunklen Wasser und das merkwürdige Leuchten, das die Sonne jetzt hervorrief.

Ernest Hemingway

Heutzutage sind die Boote der Seetangfischer mit Metallhaken versehen, die durch einen hydraulischen Arm („scoubidou") bewegt werden. Damit werden die großen braunen Algen vom Meeresgrund abgerissen. Traktoren haben Ochsen und Pferde ersetzt.
In der Gezeitenzone auf den Felsen wird im Sommer noch der kleine Tang von Hand gepflückt. Danach wird er zum Trocknen und Bleichen auf dem Heideland und den Dünen ausgebreitet.
Bevor es chemische Düngemittel gab, hat man Algen zum Düngen der Felder verwendet. Sie sind reich an Mineralstoffen, die sie dem Meer entnehmen. Durch Verbrennen der Algen direkt am Ufer oder in Öfen hat man Jod und Soda gewonnen.

Aus Algen gewinnt man auch Geliersubstanzen (Agar-Agar), die bei der Herstellung von Puddings und Fertiggerichten oder auch von Körperpflegemitteln Verwendung finden.

Trocken, verlandet
das Bett hinter dir,
verschilft seine Stunde
oben, beim Stern,
die milchigen Priele
schwatzen im Schlamm,
Steindattel,
unten, gebuscht,
klafft ins Gebläu,
eine Staude
Vergänglichkeit, schön,
grüßt dein Gedächtnis.

Paul Celan

Die Salzgärten

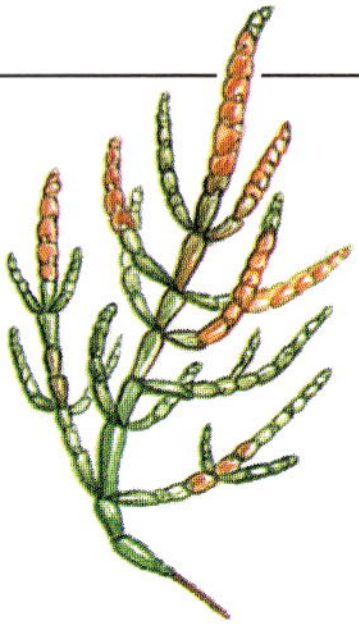

Queller oder Glasschmalz: Dieses Gänsefußgewächs gedeiht auf salzhaltigen Strandböden. Man kann es in Essig aufbewahren und als Gewürz verwenden. Das Rezept: Die Stengel in eine mit hellem Essig gefüllte Flasche legen. Kleine Zwiebeln, Gewürznelken, Pfeffer und einen Stengel Estragon hinzufügen.
Aus der Asche des Quellers gewinnt man Soda.

Salz oder Natriumchlorid ist für die Ernährung unentbehrlich. Weit über das Mittelalter hinaus wurden Produktion und Verkauf von Salz streng kontrolliert und unterlagen überall in Europa einer sehr unbeliebten hohen Steuer. Das Meerwasser enthält im Durchschnitt 35 Gramm Salz pro Liter und war deshalb eine bedeutende Vorratskammer, die von den Menschen schon immer genutzt wurde.
Salzgärten sind großflächige, seichte Becken, in die das Meerwasser eingeleitet wird. Unter der Einwirkung von Sonne und Wind verdunstet das Wasser, und Salz lagert

sich ab. Vor seiner Verdunstung muß das Meerwasser einen genau vorgeschriebenen Weg gehen: Es gelangt in den Salzgarten über einen *Zuleitungskanal* (1), dann fließt es durch ein *Schlammbecken* (2), in dem sich die Verunreinigungen ablagern.

Salzlagerung

Danach fließt es in ein *Klärbecken* (3) und schließlich in das *Aufwärmebecken* (4). Anschließend wird es in rechteckige Becken (5) von 8 mal 10 Metern Größe geleitet – und dann in ganz flache Becken (6). Dort bilden sich die Salzkristalle.

Um das Salz zu ernten, verwenden die Salzarbeiter lange Schieber, mit denen sie die grauweißen Kristalle zu Haufen zusammenschieben. Dieses Salz muß gereinigt werden, damit man es essen kann.

In Frankreich gibt es Salzgärten (auch *Salinen* genannt) an der Mittelmeerküste und an der Atlantikküste, insbesondere im Süden der Bretagne.

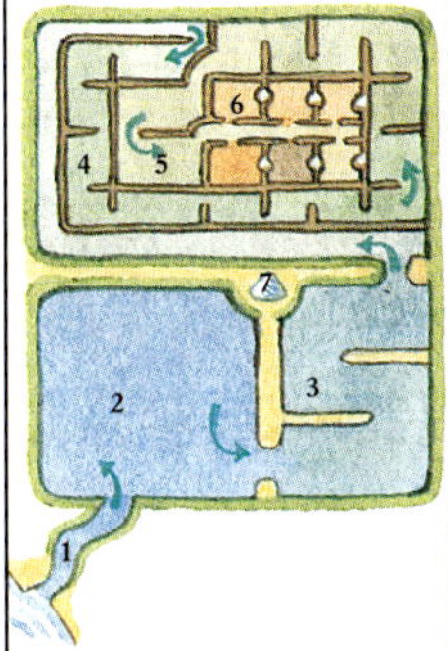

Grundriß eines Salzgartens an der Atlantikküste

Salzwiesen und Polder

Salzwiesen in der Bucht des Mont Saint-Michel

Die Salzwiesen

Im sehr flachen Wattenmeer (wie z. B. in der Bucht des Mont Saint-Michel, in Holland und an der deutschen Küste) gibt es Weidewiesen, die bei Springflut vom Meer überschwemmt werden. In Norddeutschland nennt man diese Wiesen „Helder".

Dort weiden große Herden, meist Schafherden. Die Salzwiesenschafe sind berühmt für die Qualität ihres Fleisches. „Salzwiesenschafe" heißen auch Tiere, die auf Wiesen weiden, die lediglich vom Gischt des Meeres befeuchtet werden (z. B. auf den Halligen).

Auf vielen Salzwiesen weiden auch Kühe, deren Milch durch das würzige Gras besonders gut schmeckt.

Polder

Die Polder

Den Menschen ist es gelungen, dem Meer durch den Bau riesiger Deiche große Flächen Land abzugewinnen. In Holland z. B. liegt ein Teil des Landes tiefer als das Meer. Das macht den Wahlspruch der holländischen Provinz Zeeland verständlich: „Ich kämpfe und schwimme oben“.

Die dem Meer abgerungenen Gebiete (mehr als 250 000 Hektar) nennt man *Polder*. Sie bilden eine weite bebaute oder mit Wiesen bewachsene Ebene, wo die Wasserzufuhr durch ein System von Kanälen und Gräben ständig geregelt wird.

In Frankreich wurde bereits im Mittelalter in der Bretagne und im Poitou vom Meer überflutetes Sumpfland entwässert und trockengelegt.

Herrlich schäumende
Salzflut
im Morgenlicht,
die tiefen Bläuen
in weißen Stürzen
auskämmend,
hin
über grünere Seichten
zur Küste stürmend –
aus-rollend dich nun,
die Felsen hochauf
umleuchtend!
Metallgrün
stehen die runden
rauschenden Büsche
vor deinen fernher
schwärzlichen Böen,
und rötlich milchige
Wolken
strecken sich lang
in den zärtesten Himmel
darüber.

Christian Morgenstern

„Bocage“-Landschaft im Nordwesten Frankreichs

Die Dünen

Düne, weißer
Wanderberg!
Statt festen Grundes
den Wandel tief innen
und die Lust,
jedem Anruf zu folgen.
Der benachbarten Welle
sich zu verschwistern,
Wolke zu sein
im Luftschiff der
Stürme.
Ein behutsamer Schritt
und ein Flügelschlag
vermögen den
schlafenden
Puls zu wecken:
Im Rieseln des Sandes
den Herzschlag nie
wieder
in der grundlosen Düne
den Wandel tief innen.

Monika Taubitz

An den Küsten weht ständig der Wind, manchmal nur sanft, dann wieder sehr heftig. Wind und Sturm tragen den leichten Sand fort, bis er auf ein Hindernis stößt, wo er sich dann anhäuft. Der Sand bildet längliche Hügel: die Dünen. Das Profil der Dünen ist nicht symmetrisch: Der Abhang auf der Windseite ist meist sanft, während der windabgewandte Hang steil abfällt. Mehrere nebeneinanderstehende Dünen können zusammenwachsen und breite Dünenketten bilden.

Durch den Wind sind die Dünen ständig in Bewegung: Sie bilden sich und lösen sich wieder auf und bewegen sich dem Landesinneren zu. Dünen kommen vor allem in flachen Küstengebieten vor und erreichen eine Höhe von 10 Metern. Sie helfen die Küsten vor Sturmfluten sichern und stehen deshalb fast überall unter besonderem Schutz. Um zu vermeiden, daß die Dünen wandern, bepflanzt man sie mit Bäumen und einer Art Schilf: dem *Strandhafer.*

Ritterwanze und Flohkrebse

Querschnitt einer Wanderdüne

Seine Wurzeln erreichen bis zu 3 Meter Tiefe und können sich mehr als 10 Meter um die Pflanze ausbreiten; so hält der Strandhafer den Sand fest und verhindert, daß er wandert.

Die *Strandkiefern* (oder *Igelföhren*) bilden an der südfranzösischen Atlantikküste einen riesigen Wald, der für die Holzwirtschaft und die Harzgewinnung genutzt wird. Dieser künstliche Wald ist erst 200 Jahre alt. Einst war dieses Gebiet eine Sand- und Sumpfwüste.

Die alte Düne hat unter der Erosion gelitten, und im Gegensatz zu einer Wanderdüne fällt sie zum Meer hin steil ab.

Querschnitt einer befestigten Düne

Die Pflanzen am Ufer des Meeres

Strohblume

Federnelke

Eiförmiges Strandgras

Stranddistel

Strand-Schneckenklee
Hornmohn
Ästiges
Tausendgüldenkraut
Strandwinde
Strandflieder

Strandhafer bewegt sich in sanften Wellen,
kleine gelbe Blüten tausendfach in den Dünen …

... wilde Rosen, die ihren süßen Duft
mit dem salzigen Geschmack der Seeluft mischen.

Monika Taubitz

Grasnelke

Wolfsmilch und Strandhafer

Strandfenchel

Dünengoldlack

Meeresvögel

Möwe und Küken

An der Atlantik- und an der Nordseeküste leben bisher mehr Vögel als am Mittelmeer, weil die Gewässer reicher an Fisch, Krebstieren und Mollusken sind. Allerdings ist der Vogelreichtum durch die zunehmende Umweltverschmutzung stark gefährdet.

An einigen Stellen der Küste gibt es Schutzgebiete für Meeresvögel, die manchmal unter staatlicher, oft auch unter privater Aufsicht (z. B. Deutscher Vogelschutzbund) stehen. In den Schutzgebieten werden die Vogelarten während der Brutzeit vor Störungen bewahrt, denn in dieser Zeit sind sie besonders gefährdet. Nach dem Schlüpfen bleiben die Jungen zunächst bei ihren Eltern, die sie vor Kälte und Feinden schützen – z. B. auch vor den Angriffen anderer Vögel, insbesondere der Möwen. Die Vogeleltern ernähren ihre Jungen mit vorverdauter Nahrung.
Manche Schutzgebiete kann man besichtigen und die Vögel beobachten, andere sind für Besucher ganz gesperrt.
Die Meeresvögel leben meist in Kolonien, also großen Gemeinschaften; sie bauen ihre Nester aus Algen, Gräsern, kleinen

Zweigen, verschiedenen Abfällen, oder sie kleiden ein Loch im Sand mit Muschelschalen und Kieseln aus.
Einige dieser Vögel kommen nur zum Nestbau an die Küste: Es sind die Pelagialarten – große Hochseevögel, die sich außerhalb der Fortpflanzungszeit nur auf hoher See bewegen: Sturmvögel, Sturmtaucher, Seeschwalbe, Dreizehenmöwe. Die anderen bleiben in Ufernähe und entfernen sich nur kurz von der Küste: Baßtölpel, Tordalk, Papageitaucher, Möwe und Kormoran.

Beobachtungsstelle; dort können die Besucher des Schutzgebiets das Leben der Vögel beobachten, ohne sie zu stören.

Viele Vögel bauen ihre Nester in die Felsen und an Steilküsten. Die Mittelmeerküsten sind arm an Meeresvögeln, da Nahrung dort seltener ist.

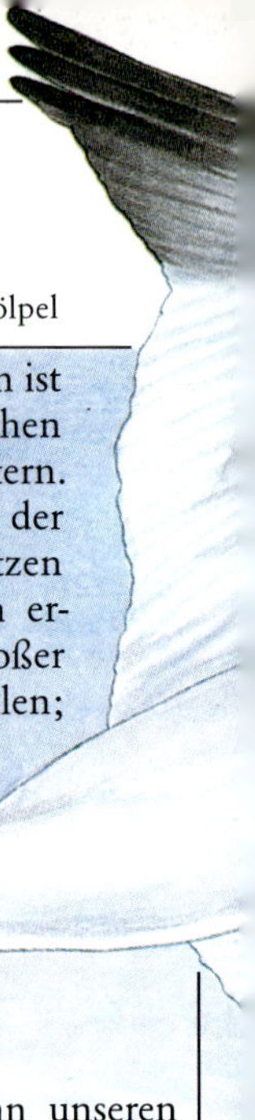

Baßtölpel

Der größte Vogel unserer Küsten ist der *Baßtölpel.* Seine Flügel erreichen eine Spannweite von 1,70 Metern. Kopf und Hals sind hellgelb, der Körper weiß und die Flügelspitzen schwarz. Wenn er einen Fisch erspäht hat, läßt er sich aus großer Höhe senkrecht ins Meer fallen; wenige Sekunden später taucht er mit seiner Beute im Schnabel wieder auf.

Papageitaucher: Dieser kleine, etwa 30 Zentimeter lange Vogel kommt nur im Sommer an unsere Küsten zum Fischen. Es gibt ihn auf den bretonischen Inseln, in Holland und den norddeutschen Inseln. Mit Hilfe seiner Flügel kann er unter Wasser schwimmen. Sein Nest baut er in den Felsen oder in verlassenen Kaninchenbauen.

Unzählige Vogelarten leben an unseren Küsten. Sie haben einige gemeinsame Merkmale, die auf ihre Lebensweise zurückzuführen sind, denn das Leben auf dem Meer ist härter als das Leben an Land. Dank ihrer Schwimmfüße (3 oder 4 Zehen sind jeweils durch eine Schwimmhaut verbunden) können sie schwimmen. Ihre schlanken Flügel, die bei manchen Arten sogar sehr langgezogen sind, erlauben es ihnen zu schweben, damit sie auf längeren Flügen nicht allzu schnell ermüden. Ihr Verdauungstrakt ist einer Ernährungsweise angepaßt, die aus Fischen, Mollusken und Krebstieren besteht, und ihr Schnabel ist so beschaffen, daß sie verschiedene Beutetiere greifen können. Sogar ihre Körperform entspricht ihrer Art zu fischen: Ein Baßtölpel fischt anders als ein Kormoran.

Austernfischer

Flug des Austernfischers

Kormorane, von denen es drei Arten gibt – der *Große Kormoran*, die *Krähenscharbe* und die *Zwergscharbe* – sind sehr verbreitet.

Sie werden seit Jahrhunderten auch von Menschen zum Fischfang eingesetzt. Alle sind ausgezeichnete Schwimmer und Taucher.

Mantelmöwe

Junge Möwe

Lachmöwe

Krähenscharbe

Kapsturmvogel

Die Möwen sehen alle aus,
als ob sie Emma hießen.
Sie tragen einen weißen Flaus
und sind mit Schrot zu schießen.

Junge Lachmöwe

Küken einer Lachmöwe

Die *Lachmöwe* gehört zu den kleinsten Möwen. Ihr Kopf ist im Sommer schokoladenbraun und im Winter weiß. Schnabel und Beine sind rot. Der krächzend-lachende Schrei ist ihr auffälligstes Merkmal. Sie nistet in Sümpfen, auf den Dünen oder auf Kiesbänken. Im Winter siedelt sie ins Landesinnere über und ist auf Feldern und Wiesen und sogar in den Städten anzutreffen.

1. Noch nicht ausgewachsene Lachmöwe
2. Ausgewachsene Lachmöwe (Wintergefieder)
3. Ausgewachsene Lachmöwe (Sommergefieder)

Lachmöwe (Sommergefieder)

Ich schieße keine Möwe tot,
ich laß sie lieber leben –
und füttre sie mit Roggenbrot
und rötlichen Zibeben.

Christian Morgenstern

Unter allen Meeresvögeln sind die großen Möwen besonders zahlreich. Man unterscheidet im wesentlichen drei Arten: die *Mantelmöwe*, die *Heringsmöwe* und die *Silbermöwe*. Die größte von allen, die Mantelmöwe, hat einen schwarzen Rücken und schwarze Flügel. Die Heringsmöwe ist etwas kleiner, Rücken und Flügel sind dunkelgrau. Bei der Silbermöwe sind Rükken und Flügel hellgrau. Junge Möwen sind braun-weiß gefleckt.

Küken der Silbermöwe

1. Ausgewachsene Heringsmöwe
2. Ausgewachsene Mantelmöwe
3. Silbermöwe
4. Elfenbeinmöwe

Ausgewachsene Silbermöwe

Sie haben das mächtige Meer
unterm Bauch und über sich
Wolken und Sterne.

Ringelnatz

1. Der Schiffsverkehr im Ärmelkanal ist genau geregelt. In festgelegten „Fahrrinnen“ müssen die beladenen Öltanker weitab vor der Küste fahren. Trotzdem kommt es immer wieder zu Unfällen, die zur Verschmutzung der Küsten führen und das Leben der Tiere und Pflanzen vernichten.

Das Leben auf einer Insel
Ein Beispiel: Ouessant

Eine Insel zu entdecken bedeutet gleichzeitig auch, das Meer zu entdecken.

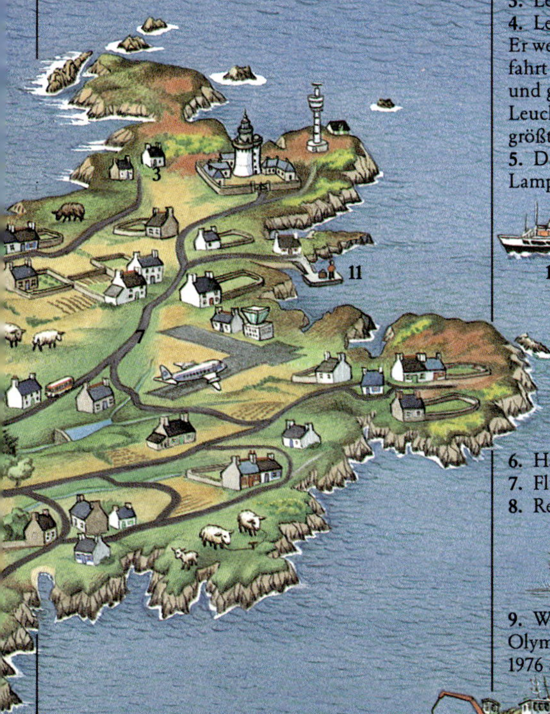

Die Insel Ouessant, die äußerste Spitze des europäischen Kontinents zum Atlantik hin, bietet auf kleinem Maßstab alles, was man an unseren Küsten finden kann: alle Arten des Fischfangs, alle Lebensformen der Tier- und Pflanzenwelt und alle Arten des Bodenreliefs.

2. Kontrollturm für den Schiffahrtsverkehr
3. Leuchtturm Stiff
4. Leuchtturm Créach: Er weist auf die Einfahrt des Ärmelkanals und gehört zu den Leuchttürmen mit der größten Reichweite.
5. Das Städtchen Lampaul

10

6. Hafen von Lampaul
7. Flugplatz
8. Rettungsboot

9. Wrack des Öltankers Olympic Bravery, der 1976 auf Grund gelaufen ist

10. Schiff, das die Verbindung zwischen Festland und dem Hafen von Stiff **(11)** herstellt

Signale auf dem Meer

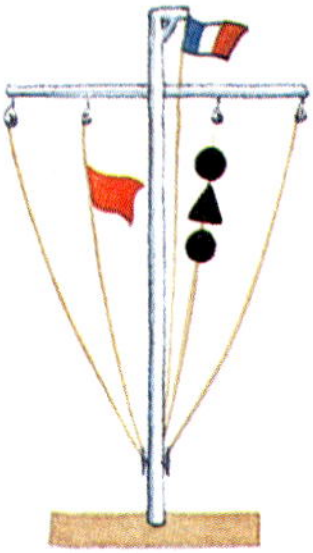

Einfahrt verboten

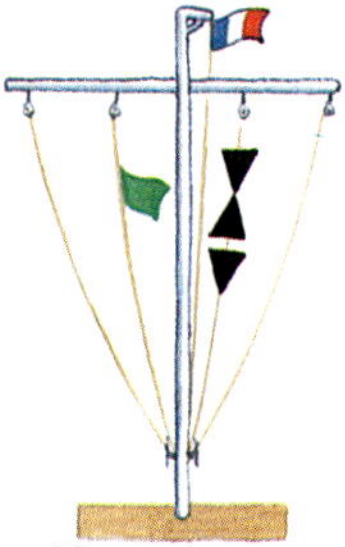

Ausfahrt verboten

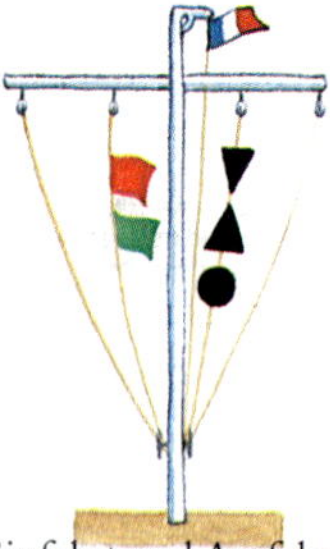

Einfahrt und Ausfahrt verboten

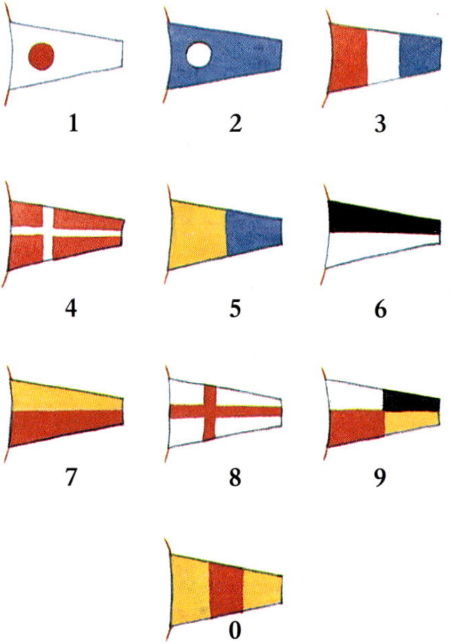

Um untereinander oder auch mit dem Festland Nachrichten auszutauschen, haben sich die Schiffe stets der Flaggen bedient. Trotz moderner Funkverbindungen werden nach wie vor Flaggen verwendet. Ihre Anwendung erfolgt nach Regeln, die im *Internationalen Signalbuch* festgelegt sind. Es gibt 26 Alphabetflaggen, wobei jede, wenn sie einzeln gehißt wird, eine besondere Bedeutung hat, 10 Zahlenwimpel und einen „Signalbuch- und Antwortwimpel“, der bedeutet: Botschaft verstanden!

A – Alfa
Ich habe Taucher unten; halten Sie bei langsamer Fahrt gut frei von mir.

B – Bravo
Ich lade, lösche oder befördere gefährliche Güter.

C – Charlie
Ja

D – Delta
Halten Sie frei von mir; ich manövriere unter Schwierigkeiten.

E – Echo
Ich ändere meinen Kurs nach Steuerbord.

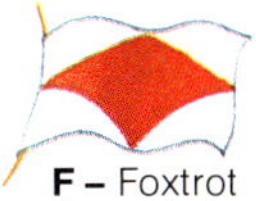

F – Foxtrot
Bin manövrierunfähig; treten Sie mit mir in Verbindung.

G – Golf
Ich benötige einen Lotsen.

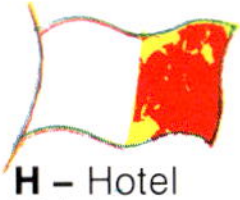

H – Hotel
Ich habe einen Lotsen an Bord.

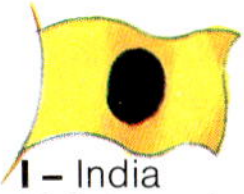

I – India
Ich ändere meinen Kurs nach Backbord.

J – Juliett
Ich habe Feuer im Schiff und gefährliche Ladung an Bord; halten Sie gut frei von mir.

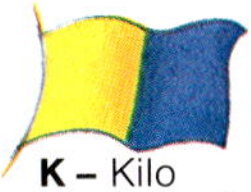

K – Kilo
Ich möchte mit Ihnen in Verbindung treten.

L – Lima
Bringen Sie Ihr Fahrzeug sofort zum Stehen.

M – Mike
Meine Maschine ist gestoppt, und ich mache keine Fahrt.

N – November
Nein

O – Oscar
Mann über Bord.

P – Papa
Im Hafen: Alle Mann an Bord. Auf See: Netze hängen fest.

Q – Quebec
An Bord ist alles gesund, und ich bitte um freie Verkehrserlaubnis.

R – Romeo
Signal verstanden.

S – Sierra
Meine Maschine geht rückwärts.

T – Tango
Halten Sie frei von mir, ich bin beim Gespannfischen.

U – Uniform
Sie begeben sich in Gefahr.

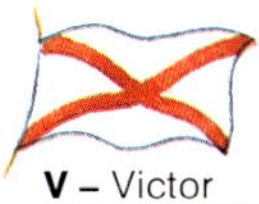

V – Victor
Ich benötige Hilfe.

W – Whisky
Ich benötige ärztliche Hilfe.

X – X-ray
Unterbrechen Sie Ihr Manöver und achten Sie auf meine Signale.

Y – Yankee
Ich treibe vor Anker.

Z – Zulu
Ich benötige einen Schlepper.

Signalbuch- und Antwortwimpel

Für Surfer und Boote erlaubte Fahrrinne

Rote Tonnen Backbord (links): Rechts freie Fahrt

Grüne Tonnen Steuerbord (rechts): Links freie Fahrt

Tonnen, die vor einer Gefahr warnen

Einzelne Gefahrenpunkte

Fahrwasser

Im 3. Jahrhundert vor Christus wurde auf der Insel *Pharos* vor Alexandria ein Turm gebaut, auf dessen Spitze ein Holzfeuer brannte. Dies war der erste Leuchtturm in der Geschichte der Seefahrt.

Der erste Leuchtturm, den der Seemann nachts erblickt, die erste Landmarke, die er am Tage sieht, gibt ihm seine Position an. Obwohl die modernen Navigationssysteme die Position des Schiffes sehr genau bestimmen können, haben Leuchttürme und Landmarken nichts von ihrer Bedeutung verloren.

Leuchttürme sind entweder an Land, unmittelbar an der Küste, oder auf See, auf kleinen Inseln oder Riffen gebaut. Nachts erkennt man sie an der Farbe ihres Feuers – weiß, grün oder rot – und am Rhythmus des Lichtscheins. Für Befeuerung des Leuchtturms gibt es einen Leuchturmwärter, der auch in seinem Turm wohnt. Früher wurden Leuchttürme mit Holz, Holzkohle, Öl oder Petroleum betrieben, heute arbeiten die meisten mit Elektrizität; es gibt inzwischen viele automatische Leuchttürme ohne Leuchtturmwächter.

Die Leuchtfeuer

Tagsüber erkennt man die Tonnen an den verschiedenen Formen und Farben; nachts ermöglichen Farbe und Blinkrhythmus der Leuchtfeuer, die Orientierung der Seeleute.

1. Seitliche Markierung bei Einfahrt: rotes Blinklicht Backbord (links)
2. Seitliche Markierung bei Einfahrt: grünes Blinklicht Steuerbord (rechts)

Um einzelne Riffe und Untiefen oder die Zufahrt zum Hafen zu signalisieren, hat man kleine Türmchen und Markierungen gebaut. Zusätzlich gibt es am Grund verankerte Bojen. jede Markierung hat eine bestimmte Farbe, damit der Seemann stets seine Position im Verhältnis zur Gefahrenstelle erkennt.
Die Markierungsregeln des Hauptsystems gelten für die Schiffe, die von See aus landwärts fahren. Das Leuchtfeuerverzeichnis zählt sämtliche Befeuerungen auf, die es in einer bestimmten Gegend gibt.

3. Hauptzeichen Nord: weiß – Dauerblinken
4. Hauptzeichen Ost: weiß – dreimal blinken
5. Hauptzeichen Süd: weiß – sechsmal kurz, einmal lang blinken
6. Hauptzeichen West: weiß – neunmal blinken
7. Bei Einfahrt rotes Leuchtfeuer Backbord (links)
8. Bei Einfahrt grünes Leuchtfeuer Steuerbord (rechts)

Kleines Lexikon der Küsten und der Meere

Abtrift
(auch Abdrift)
Der Winkel, um den ein Schiff durch Seegang und Wind abgetrieben wird.

Alter
Das Alter der Fische kann durch Betrachten der Schuppen und der Otolithen (kleine Knochenplättchen rechts und links des Gehirns) geschätzt werden.

Angel
Gerät für den Fischfang, bestehend aus Rute, Schnur und Haken.

Backbord
Linke Schiffseite vom Heck aus gesehen. Da sich das Steuer früher auf der rechten Seite befand, drehte der Steuermann der linken Seite den Rücken (engl. „back“) zu.

Brecher
Sehr hohe, sich überstürzende Welle.

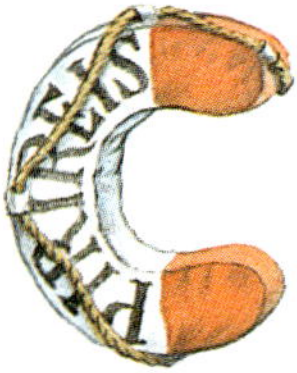

Cephalopoda
= Kopffüßer. Im Meer lebende Klasse der Weichtiere mit deutlich vom Rumpf abgesetztem Kopf und großen Augen. Zu den Cephalopoda gehören Tintenfische und Tintenschnecken. Der Mund dieser Tiere ist mit einer Reibezunge ausgestattet und wird von mehreren Armen umgeben, die meist mit Saugnäpfen besetzt sind.

Chlorophyll
Das Blattgrün, der grüne Farbstoff der Pflanzen. Chlorophyll assimiliert Kohlendioxid mit Hilfe des Sonnenlichts (Photosynthese).

Christusfisch
auch Heringskönig oder Petersfisch genannt. Gehört zur Familie der Zeidae oder Petersfische. Er bewohnt die Hochsee; auf den Flanken trägt er einen schwarzen Fleck. Sein Maul kann er ausstülpen.

Chronometer
Sehr präziser Zeitmesser, der wichtig für die genaue Bestimmung von Ort und Kurs in der Schiffahrt ist.

Cuxhaven
Stadt an der Elbmündung. Zweitgrößter deutscher Fischereihafen mit modernem Fischversandbahnhof, Lotsenstation, der Bundesforschungsanstalt für Fischerei, Fischindustrien und Werften.

Dinghi
Kleines flaches Boot, manchmal auch Schlauchboot, das einem

größeren Schiff als Beiboot dient. Es trägt zwei bis drei Mann. Zum Rudern oder Segeln.

Echinodermata
= Stachelhäuter. Im Meer lebendes Tier, dessen Haut von starren Stacheln aus Kalk bedeckt ist, z. B. Seestern, Seeigel.

Echolot
Gerät zur Messung der Wassertiefe mit Hilfe von Schallwellen. In der Seefahrt wird das Echolot (mit Ultraschallimpulsen) zur Ortung von unsichtbaren Schiffswracks und Unterseebooten benutzt. Auch Fischschwärme können mit Hilfe des Echolots aufgespürt werden.

Fähre
Wasserfahrzeug mit speziellen Einrichtungen zum Transport von Personen, Gütern und Landfahrzeugen von Ufer zu Ufer. Seefähren besitzen meist durchlaufende Decks für Kraftfahrzeuge oder Eisenbahnen.

Fahrtmeßanlage
Einrichtung zur Bestimmung der Schiffsgeschwindigkeit im Verhältnis zum umgebenden Wasser.

Flossen
Flache, breite Steuer- und Bewegungsorgane bei Fischen, Walen und Robben. Wir unterscheiden: Rückenflossen, Brustflossen, Bauchflossen, Afterflossen und Schwanzflossen.

Garnelen
Unterordnung der zehnfüßigen Krebse mit seitlich zusammengedrücktem Körper und langen Fühlern. Sie sind glashell und durchsichtig oder leicht gefärbt. Sie sind wichtig als Fischnahrung.

Gezeiten
(auch Tide genannt): Regelmäßiges Fallen und Steigen des Wasserspiegels; Ebbe und Flut.

Haff
Durch eine Landzunge vom offenen Meer getrennter Küstensee.

Hydrographie
Teilgebiet der Gewässerkunde, das sich mit der genauen Beschreibung der Meere beschäftigt (Größe, Tiefe, Strömungen, Gezeiten). Wichtig für die Erstellung von Seekarten.

Hydrologie
Allgemeine Gewässerkunde, die auch die Fragen des Wasserhaushalts der Erde untersucht. Wichtig für die Wasserversorgung.

Ichthyologie
Die Wissenschaft, die sich mit der Erforschung der Fische befaßt. Ichthyologen nennt man die Fischspezialisten. Ichthyo kommt vom griechischen „Fisch“.

Kai
Befestigte Anlegestelle für Schiffe am Ufer.

Kiel
Unterster mittlerer Längsteil bei Schiffen.

Knoten
Maß für die Geschwindigkeit der Schiffe. Ein Knoten entspricht 1 Seemeile = 1852 Meter in der Stunde.

Landmarke
Markanter geographischer Punkt an Land, der für die Navigation auf Seekarten eingetragen ist: z. B. Leuchtturm.

Landungsbrücke
Steg, der vom Schiff ans Ufer gelegt wird.

Lee
Die Seite, zu welcher der Wind weht.

Luv
Die Richtung, aus der der Wind kommt.

Mahlsand
Wird auch Treibsand genannt. Besonders lokkerer Sand in den Gezeitengewässern.

Mahlstrom
Gefährliche Strömung für die Küstenschiffahrt. Die sich über Mahlsänden bildende Strömung kann ein aufgelaufenes Schiff mit Treibsand einspülen.

Makrelen
sind 30 bis 60 cm lange räuberische Hochseefische, die in Küstennähe ihren Laich ablegen. Makrelen werden als Speisefische sehr geschätzt.

Malakologie
Die Wissenschaft, die sich mit den Mollusken (Weichtiere) beschäftigt.

Meer
Das Meer bedeckt über zwei Drittel der Erdoberfläche, insgesamt 360,8 Millionen Quadratkilometer. Die Erdteile liegen im Meer wie Inseln. Das Weltmeer wird in drei Ozeane eingeteilt: den Atlantischen, den Pazifischen und den Indischen Ozean. Dazu kommen die Küstenmeere, wie Nord- und Ostsee, das Mittelmeer und das Schwarze Meer. Vor den Küsten senkt sich der Meeresboden meist allmählich bis auf 200 m Tiefe und stürzt dann steil ab. Die größte Tiefe wurde bei den Marianen-Inseln mit 11 034 m gemessen.

Mole
(oder Pier) Hafendamm

Nautik
Begriff, der alle Gebiete der Schiffahrt und Seefahrtskunde zusammenfaßt.

Nehrung
Die Nehrung ist eine schmale Landzunge, die das Haff gegen das Meer abschließt.

Niederlande
Auch Holland genannter Staat an der Nordseeküste. Fast ein Drittel der Niederlande liegt tiefer als der Meeresspiegel. Durch Deichbau schützen sich die Bewohner gegen Überflutungen und gewinnen so dem Meer auch neuen Ackerboden ab.

Nordpolarmeer
oder Nördliches Eismeer,

liegt zwischen Eurasien, Nordamerika und Grönland. Im Winter ist es vollständig von einer 2,5–3,5 m dicken Eisschicht bedeckt. Im Sommer werden die Ränder eisfrei.

Nordsee
Dieses Küstenmeer ist ein 580 000 Quadratmeter großes Randmeer des Atlantischen Ozeans.

Ozeanographie
Die Wissenschaft von den Meeren. Sie wird von folgenden Fachgebieten unterstützt: Chemie: Zusammensetzung des Meerwassers; Physik: Bewegungen des Meerwassers; Geologie: Beschaffenheit des Meeresgrundes; Biologie: Tiere und Pflanzen der Meere.

Pelagial
(griechisch: pélagos = offenes Meer)
Zone des freien Wassers im Meer und in Seen. Dort bewegt sich unter anderem auch das Plankton.

Qualle
Auch Meduse genannt. Ein Meerestier, das von der Strömung getrieben wird. Es gibt Scheibenquallen, Staatsquallen und Rippenquallen.

Riff
Felsenbank, Klippe oder Felsengrat im Meer, was stets eine Gefahr für den Seemann bedeutet.

Robben
sind Säugetiere, die vor Millionen Jahren als Raubtiere auf dem Land gelebt haben. Später paßten sie sich so ans Wasser an, daß sie nur noch zum Ruhen an Land kommen. Zu den Robben gehören auch die Seehunde, die in der Nordsee leben. Jagd, Krankheiten und Mangel an Fischen bedrohen den Bestand der Robben.

Salzgehalt
Die Menge der Salze, die in 1 Liter Meerwasser enthalten sind. Der Salzgehalt ist von einem Meer zum anderen verschieden und beträgt im Durchschnitt 35 Gramm pro Liter.

Seemeile
Die Entfernungen auf dem Meer werden nicht in Kilometern, sondern in Seemeilen gemessen. 1 Seemeile beträgt 1852 Meter.

Semaphor
Mehrflügeliger Signalmast, der sich auf einer Anhöhe befindet, von wo aus die Sicht über das Meer und die Küste besonders gut ist.

Takelage
ist die vollständige Segeleinrichtung bei Segelschiffen, zu der Masten, Segel und Taue gehören.

Thalassotherapie

(griechisch thálassa = das Meer und therapeía = Pflege, Heilung) Die Thalassotherapie bezeichnet alle medizinischen Anwendungen, insbesondere Kurbäder, auf Meerwasserbasis.

Verkatten

Wichtige Sicherheitsmaßnahme beim Ankern vor einer Küste, auf die der Wind zuweht (Leeküste oder Legerwall), besonders bei Sturm und Seegang sowie unsicherem Ankergrund. Beim Verkatten wird ein zusätzlicher zweiter Anker hinter dem Hauptanker an derselben Kette (Trosse) angebracht. Der Abstand zwischen den beiden Ankern, die danach auf Grund gelassen werden, beträgt normalerweise etwas mehr als die eigentliche Wassertiefe.

Vertäuen

Festmachen eines Schiffes an der Pier, am Kai, an Bojen, anderen Schiffen usw.

Voraus

Bezeichnung für alles, was vom Schiff aus gesehen weiter vorn als querab liegt. Unter dem Begriff „querab" versteht man dagegen alles, was vom Schiff aus gesehen im rechten Winkel zu dessen Längsachse liegt, auch dwars genannt.

Vorspring

Leine, die vom Bug eines Schiffes schräg nach hinten (achtern) an Land führt und zusammen mit der Achterspring verhindert, daß sich das Schiff durch Wind oder Strömung in Längsrichtung bewegt. Achterspring: Leine, die beim Vertäuen vom Heck aus schräg nach vorn zum Poller an Land führt.

Watt

Der bei Ebbe trockenlaufende Teil des Meeresbodens.

Yacht

(auch Jacht): leichtes, schnelles Schiff (Segel- oder Motor-) für Sport- und Vergnügungszwecke.

Yachthafen

Ein speziell auf die Bedürfnisse von Seglern ausgerichteter Hafen, der den Yachten Liegeplätze bietet und Einrichtungen für die Versorgung von Schiff und Besatzung hat. Die speziellen Anlagen sind u.a. auch deshalb notwendig, weil die empfindliche Leichtbauweise sowie die oft luxuriöse Ausstattung der Yachten ein Festmachen zwischen Berufsfahrzeugen (Fischkutter, Frachtschiffe) unmöglich macht. Im Yachthafen hat jedes Boot seinen eigenen Liegeplatz. Dadurch wird ein Berühren mit anderen Yachten beim Ein- und Auslaufen im Hafen weitgehend vermieden.

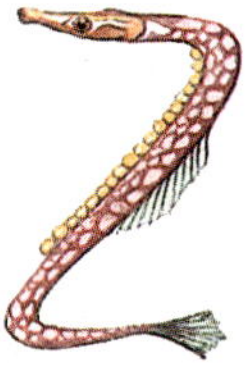

Zooplankton

Tierplankton

Zwergseeigel

Echinocyamus pusillus, bis 1,2 cm lange Seeigelart mit ovalem, abgeflachtem Körper, mit kurzen Stacheln besetzt. Die Seeigel graben sich in den Sand ein; z.B. an der Nordsee und am Mittelmeer.

Inhaltsverzeichnis

Meer in Gefahr

Wie lebendig und abwechslungsreich die Meeresküsten sind, das wurde in diesem Buch dargestellt. Leider sind all die Lebewesen und Pflanzen heute in Gefahr. Die Menschen haben in den vergangenen Jahrzehnten ungeheure Mengen an Giftstoffen in die Meere geleitet: Industrieabfälle, Abwässer, Ölreste – sogar Atommüll.
Die großen Flüsse, wie der Rhein, die Weser, die Themse und der Po, sind ebenfalls mit Schadstoffen hoch belastet. Alle diese „Giftströme" aber enden im Meer. Auch aus der Luft, die voll von Industrie- und Autoabgasen ist, geraten Gifte ins Meerwasser.
Das Ergebnis sieht man besonders drastisch an der Nordsee und am Mittelmeer. Wissenschaftler bezeichnen sie inzwischen als „sterbende Meere". Die Konzentrationen von Schadstoffen im Küstengebiet ist so hoch, daß an vielen Orten vom Verzehr der Muscheln und Fische abgeraten wird. In den Meerestieren haben sich vor allem Schwermetalle wie Blei, Cadmium und Quecksilber angereichert. Viele Fische sind krank und von Geschwüren bedeckt.
Doch auch die Seevögel sind Opfer der Umweltverschmutzung. Tausende von ihnen sterben jedes Jahr an Ölresten, die auf dem Wasser treiben, oder geraten gar in eine Ölpest, wenn ein großer Tanker verunglückt.
1988 verendeten Tausende von Seehunden und wurden an den Küsten der Nord- und Ostsee angetrieben. Die hohe Belastung ihrer Beutetiere, der Fische, macht sie offensichtlich anfällig für Krankheiten.
Auch die Schiffahrt trägt seit langer Zeit zur Verschmutzung der Meere bei: Schiffsmüll wurde bis vor kurzem über Bord geworden, öliges Wasser, das sich im Schiffsrumpf (Bilge) sammelt, einfach auf dem Meer abgelassen.
Jeder, der am Meer Urlaub macht, hat die Folgen dieses Umgangs mit der Natur schon beobachten können. Ölspuren an den Stränden, alle Arten von Müll, tote Vögel mit ölverschmiertem Gefieder, Tonnen, die chemische Stoffe enthalten.

Das Leben an der Küste aber ist wie alles Leben in der Natur Teil eines „Ökosystems“, also eines Kreislaufs (siehe S. 14). Wenn Giftstoffe ins Wasser gelangen, dann wird bereits die Grundlage dieses Kreislaufs, das Plankton, verseucht und das Gift gerät in die Nahrungskette aller Meerestiere. Und ganz am Ende dieser Kette steht wiederum der Mensch.

Vor allem die kleineren Meere, wie das Mittelmeer, die Nord- und die Ostsee, sind außerdem überdüngt. Natürlich düngt niemand das Meer absichtlich, doch über Flüsse und Bäche gelangt der vom Regen ausgewaschene Industriedünger von den Feldern ins Meer.

Auch heute noch ist in vielen Waschmitteln Phosphat enthalten, und auch Phosphat ist ein Düngemittel. Die Folge davon ist ein heftiges Algenwachstum. Zu viele Algen aber ersticken regelrecht das Leben an den Küsten, denn sie verbrauchen viel Sauerstoff. Im Sommer bedecken oft kilometerlange, breite Schaumteppiche die Strände. Es sind tote Algen, deren Eiweiß von den Wellen zu Schaum geschlagen wurde.

Die Regierungen vieler europäischer Länder haben inzwischen einige Gesetze zur Reinhaltung der Meere erlassen, doch reichen diese Maßnahmen sicher nicht aus, um das Leben an den Küsten zu retten. Es bleibt deshalb für alle noch viel zu tun.

Angaben zu Prosatexten und Gedichten

6 Christian Morgenstern „Meeresbrandung" (Auszug), aus: Gesammelte Werke, Piper Verlag, München 1972

8/17/26/47 Zitiert nach Christine Brückner „Meine Insel im Norden", aus: Juist. Ein Lesebuch, herausgegeben von Christine Brückner, Ullstein Verlag, Frankfurt/Main 1984

10 Michael Starcke „Strandwanderung" (Auszug), aus: Juist. Ein Lesebuch, s. o.

12 Zitiert nach Horaz (römischer Dichter 65–8 v. Chr.), aus: Lyrik des Abendlands, Carl Hanser Verlag, München 1953

13 Zitiert nach Joachim Günther „Seestücke", aus: Juist. Ein Lesebuch, s. o.

14/32 Sarah Kirsch „Angeln mit Sascha" (Auszüge), aus: Zaubersprüche, Langewiesche Brandt, Ebenhausen 1973

19/20 Monika Taubitz „Juist-Gedichte" (Auszüge), aus: Juist. Ein Lesebuch, s. o.

21 Paul Celan „Niedrigwasser" (Auszug), aus: Die Niemandsrose, Sprachgitter, Fischer Taschenbuchverlag, Frankfurt/Main 1980

22 Joachim Ringelnatz „Das Lied von der Hochseekuh" (Auszug), aus: Ringelnatz, © Karl H. Henssel Verlag, Berlin 1964

25 Joachim Ringelnatz „Seepferdchen" (Auszug), aus: Ringelnatz, s. o.

27/30/39/59 Zitiert nach Ernest Hemingway „Der alte Mann und das Meer". Übersetzt von Annemarie Horschitz-Horst. Rowohlt Verlag, Hamburg 1953

28/41 Joachim Ringelnatz „Schiff 1931" (Auszüge), aus: Ringelnatz, s. o.

31 Zitiert nach Truman Capote „Ischia", aus: Die Reiseerzählungen, Fischer Taschenbuchverlag, Frankfurt/Main 1984

33 Paul Celan „Tenebrae" (Auszug), aus: Die Niemandsrose, s. o.

36 Theodor Storm „Meeresstrand“ (Auszug), aus: Gesammelte Werke, Band 1, Nymphenburger Verlag, München 1981

37 Christian Morgenstern „Fisch und Wind“ (Auszug), aus: Gesammelte Werke, s. o.

42 Hugo von Hoffmansthal „Der Schiffskoch, ein Gefangener, singt“ (Auszug), zitiert nach: Lyrik des Abendlands, s. o.

43 Joachim Ringelnatz „Vom Seemann Kuttel Daddeldu“ (Auszug), aus: Ringelnatz, s. o.

51 Christian Morgenstern „Fisches Nachtgesang“, aus: Gesammelte Werke, s. o.

52 Christian Morgenstern „Der Walafisch oder das Überwasser“ (Auszug), aus: Gesammelte Werke, s. o.

57 Zitiert nach Richard Adams „Die Natur bei Tag und Nacht“, Sauerländer Verlag, Aarau/Schweiz 1978

59 Paul Celan „Matière de Bretagne“ (Auszug), aus: Die Niemandsrose, s. o.

63 Christian Morgenstern „Meeresbrandung“ (Auszug), aus: Gesammelte Werke, s. o.

64/68/69 Zitiert nach Monika Taubitz „Inselsommer“, aus: Juist. Ein Lesebuch, s. o.

74/75 Christian Morgenstern „Möwenlied“ (Auszüge), aus: Gesammelte Werke, s. o.

76 Joachim Ringelnatz „Segelschiffe“ (Auszug), aus: Ringelnatz, s. o.

Illustratoren

Nicole Baron: Seite 8–31, 36–41, 46–61, 76–81, 84–88
Dorothée Duntze: Seite 7, 32/33, 62/63, 66–69
Marie Mallard: Seite 44/45
Sylvaine Pérols: Seite 82/83
Dominique Thibault: Seite 64/65
Nathaële Vogel: Seite 34/35
Pierre Weitzel: Seite 42/43
Die Abbildungen der Seiten 10/11, 18–21, 24–29, 32, 36 und 37 wurden entnommen aus „The Natural History of British Shells“, London, 1800.